KB138150

수학적 마음 기르기

Build a Mathematical Mind
수학적 마음 기르기

1판 1쇄 인쇄 2023년 10월 10일
1판 1쇄 발행 2023년 10월 16일

지은이 앨버트 러더퍼드
옮긴이 박경은 · 한선영
펴낸이 유지범
책임편집 구남희
편집 신철호 · 현상철
외주디자인 심심거리프레스
마케팅 박정수 · 김지현

펴낸곳 성균관대학교 출판부
등록 1975년 5월 21일 제1975-9호
주소 03063 서울특별시 종로구 성균관로 25-2
전화 02)760-1253~4
팩스 02)760-7452
홈페이지 http://press.skku.edu/

ISBN 979-11-5550-604-2 03410

잘못된 책은 구입한 곳에서 교환해 드립니다.

Build a Mathematical Mind

수학적 마음 기르기

수학자에게 배우는 사고력의 핵심

앨버트 러더퍼드 지음 | 박경은 · 한선영 옮김

성균관대학교 출판부

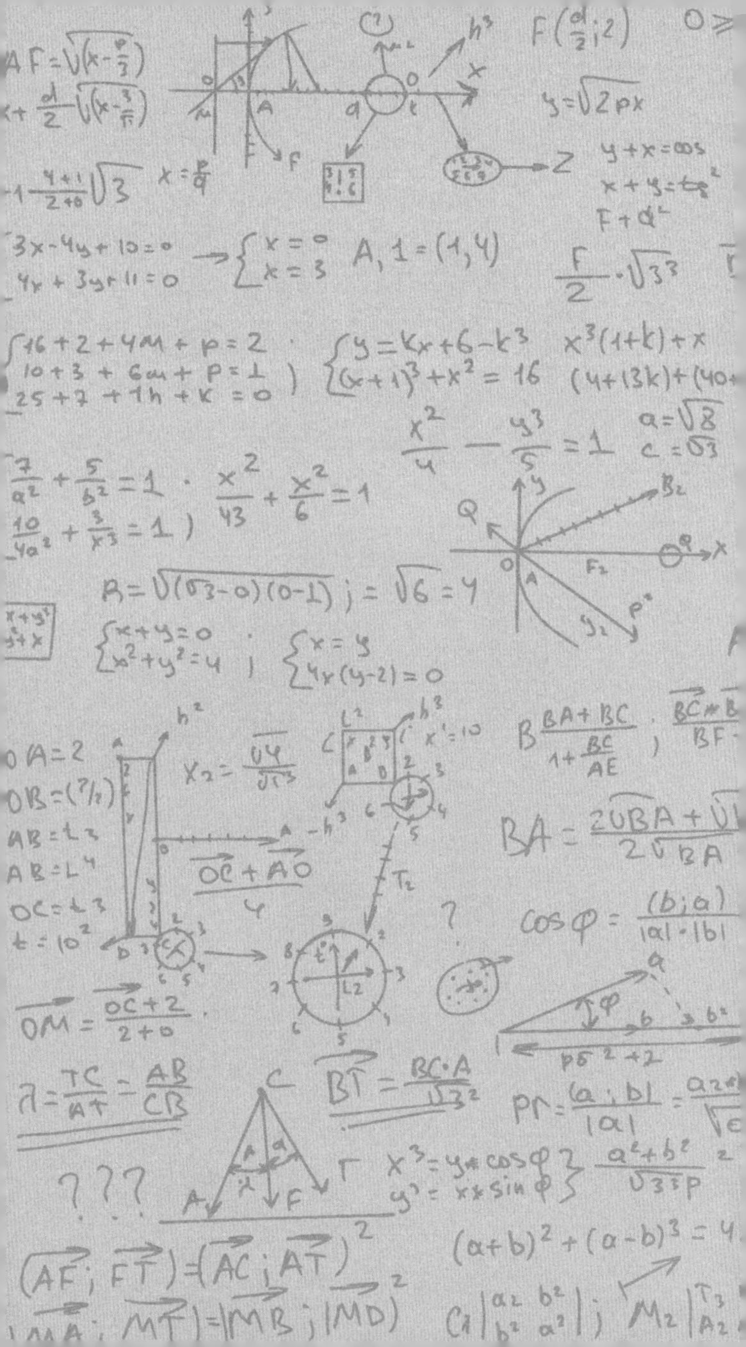

차례

1장 수학적 마음 습관 기르기 · 6
2장 패턴 탐정가 되기 · 34
3장 확률적으로 실험하기 · 52
4장 수학 언어로 설명하고 말하기 · 70
5장 분해하고 다시 결합하기 · 90
6장 알고리즘을 이해하고 사용하기 · 106
7장 내면에 있는 것을 구체화하기 · 122
8장 어림하여 예측하기 · 142
9장 수학이 바꾼 세상 이야기 · 164
10장 나가는 말 · 182

저자 소개 · 188
역자의 말 · 190
주석 · 193

1장

수학적 마음 습관 기르기

x = -8
X = -10
P=2(a+b)
V=abc
1+1=2
666'6666

Sin 3x =
(x + 8)
P= 2(a+b)
c = 2πr
√x +9 + √8x+5
x = -10
x = -8
P=2(a+b)
V=abc
1+1=2
√6
S=vt
lim

주변의 어른들을 붙잡고 "수학이라고 하면 어떤 느낌이 드세요?"라고 질문하면, 몇몇의 수학 애호가를 제외하고 대부분은 미적지근한 반응으로 "그저 그렇죠"라고 답할 겁니다. 혹은 다음과 같이 말할지도 모릅니다.

- 아, 저는 수학이 싫었어요.
- 저는 진짜 수학을 못했어요! 차라리 국어(또는 미술, 음악, 체육……)를 훨씬 더 잘했어요.
- 고등학교 때 수학은 너무 재미없었어요. 친구와 저는 내내 필기만 했거든요.

이렇게 수학을 싫어하는 데는 여러 가지 이유가 있습니다.

- 눈물나게 지루했던 주입식 교육 방법으로 수학을 배워서
- 수학을 배워도 나중에 쓸모가 없을 것 같다고 생각해서
- 수학 문제 풀이가 복잡하고 계산할 때마다 자꾸 틀린 답이 나와서
- 학창시절에 수학을 못했던 부모님을 닮아서
- 수학 공식이 많고, 외우기 어려워서
- 방정식 단원 수업에서 악명 높은 기차 문제를 공부하면서부터[1]

우리 대부분은 수학을 잘하지 못한다고 생각하고, 초등학교 때조차도 수학을 잘 할 수 있는 사람이 아니라고 믿기 시작했을지 모릅니다.

혹시 **수학인***Math person*이라는 말을 들어 봤나요? 수학인이란 누구일까요? "우리 모두는 수학인이 될 수 있습니다"라고 한다면 어떨까요? 사실, 우리는 누구나 수학인이 될 수 있습니다. 이 장은 여러분이 수학자처럼 생각하는 방법을 배울 수 있고, 또한 배워야 한다고 설득할 것입니다.

우리 대부분은 '수학인'이 어떠해야 하는지 머리로는 생각할 수 있습니다.

- 교실에서 선생님의 질문에 답하려고 가장 빨리 손을 드는 학생
- 기하 단원의 증명 문제를 항상 칠판에 나와 푸는 학생
- 중학교 시절에 수학 문제를 잘 풀었던 학생
- 고등학교 시절에 대학교 수준의 수학을 공부한 학생

물론, 이런 부류의 사람들 중 한두 명은 그 당시까지 해결되지 못했던 난제를 풀어 세계 수학계를 상당히 놀라게 했을지도 모릅니다. 그 외의 사람들은 수학 분야에서 혁명까지 일으키지는 못했지만 학창 시절, 어쩌면 그 이후에도 수학을 즐겼을 겁니다.

그렇다면 그들이 수학을 즐긴 이유는 무엇일까요? 수학을 잘 하기 위해 어떤 **마음의 습관***Habits of mind*을 가지고 있었던 걸까요? 이들은 수학자처럼

생각하는 방법을 알고 있었습니다.

- 논리적으로 사고하는 성향을 가지고 태어났을 겁니다.
- 아마도 수학을 잘하는 선생님이 가르쳤을 겁니다.
- 어렸을 때 수학을 정말로 재미있게 배웠을 겁니다.

다시 말해 수학인으로 보였던 사람들은 수학자처럼 생각하는 방법을 배웠다는 뜻입니다. 그리고 더 중요한 것은 누구나 '**수학자처럼 생각하는 방법**'을 배울 수 있다는 거구요.

어쩌면 여러분도 고등학교 시절에 생각해본 적이 있었을 텐데요. 수학자들은 예술가, 음악가처럼 창의적인 사상가들과 공통점이 많습니다. 수학은 시각화하기, 패턴 발견하기, '만약에 ~라면?' 질문하기, 실험하기 등을 포함하는 창의적인 분야입니다. 그러나 우리가 학교에서 배우는 것, 즉 곱셈공식표를 외우거나 방정식과 같은 문제를 절차에

따라 풀이하는 것 등은 수학자들이 하는 창의적인 사고와는 거리가 멉니다.

많은 수학 교육자들은 학교에서 가르치는 수학 교수법을 개혁해야 한다고 주장해 왔습니다. 그 이유는 학교에서 가르치는 수학이 실제 수학과 거의 관련이 없기 때문입니다.

2009년 수학 교사인 폴 록하트*Paul Lockhart*는 『수포자는 어떻게 만들어지는가*A Mathematician's Lament*』(한국어판 박용현 옮김, 철수와영희 펴냄)라는 짧은 책을 썼는데, 이 책은 수학 교육을 개혁하려는 많은 사람들에게 기초가 되었습니다. 이 책에서 록하트는 수학이 음악이나 그림과 유사한 예술 형태임이 분명하지만 사람들은 그렇게 인식하지 못한다고 탄식했습니다. 그는 다음과 같이 교육 시스템을 탓합니다.

> 사실, 아이들이 지닌 자연스러운 호기심과 규칙성을 찾고자 하는 마음을 없애는 데 지금의 수학 지도법보다 더 강력한 방법은 없을 겁니다. 현 시대의 수학 교육은 그 누구도 생각하지 못할 정도로 무의미하며 영혼을 파괴하는 방식입니다.

록하트는 책에서 수학 교육을 음악 교육에 비유하면서, 학교에서 음악시간에 음표, 박자 등 여러 규칙을 외우지만 인생의 후반까지 음악을 잘 감상하지 못하는 것과 수학 교육이 유사하다고 언급합니다. 만약 **수학을 하는***Doing Math* 예술과 창의성을 경험하지 못한 채 '수학이란 초등학교 때 배운 수학을 끊임없이 암기하는 거야'라고 여긴다면, 수학인이란 어떤 사람이며, 그렇지 않은 사람은 수학인과 어떻게 다른지에 대해 다시 생각하게 됩니다. 어린 나이에 수학을 싫어했던 많은 사람들도 수학이 진짜 무엇인지 알았다면 수학을 좋아했을 겁니다. 우리는 주변에서 "음악이요? 아, 그냥 너무 지루해요. 저는 음악인이 아니에요"라고 말하는 사람은 거의 본 적이 없으니까요.

수학자들이 알고 있는 수학에 대한 비밀이 있습니다. 바로 "**수학은 예술이다***Math is an Art*"라는 점입니다. 즉, 음악가가 멜로디를 작곡하거나 화가가 걸작을 그리는 것처럼, 수학자는 수학을 창조하거나 시각화해야 합니다. 수학자들은 수학을 다룬다는 게 무엇인지 알고 있습니다.

비틀즈의 가장 아름다운 노래 중 하나인 《Yesterday》를 작곡한 폴 매카트니는 이 노래의 멜로디가 꿈에서 들렸다고 했습니다. 폴 매카트니는 1998년 출판된 전기 『폴 매카트니*Paul McCartney: Many Years From Now*』에서 작가 배리 마일스*Barry Miles*에게 '저는 제 머릿속에 사랑스러운 곡조를 떠올리며 잠에서 깼습니다'라고 말했습니다.

저는 '정말 대단해. 그런데 그게 뭘까?'라고 생각했어요. 창가의 침대 오른쪽, 제 바로 옆에 피아노가 있었는데, 침대에서 일어나 피아노에 앉아 G를 찾았고, F # 마이너 7을 찾았어요. 그리고 B에서 E 단조로, 그리고 마지막으로 E로 자연스럽게 이어졌어요. 모든 것이 **순서적으로** 연결되었구요. 제가 이 멜로디를 엄청 좋아하는데, 꿈을 꿨기 때문인 것 같아요. 제가 Yesterday를 썼다는 게 믿겨지지 않아요.

비슷하게 몇몇 수학자들도 자신이 자는 동안 중요한 수학적 발견들이 있었다고 주장했습니다. 인도의 수학자인 라마누잔*S. Ramanujan*은 자신의 꿈에서 힌두교 여신이 방정식을 전해주었다고 믿었습니다. 프랑스의 수학자 데카르트*Rene Descartes*는 아침 잠에서 깰 즈음에 침대에서 빈둥거리다 최고의 아이디어인 '좌표평면'를 얻었다고 합니다. 즉, 잠을 자는 동안에 또는 잠에서 깨어날 즈음의 편안한 상태에서 수학자가 깨어 있을 때 집중했던 것과 관련된 아이디어를 뇌가 만들고, 시각화하고, 꿈꾸게

했던 겁니다.

최근의 신경학 연구는 "수학은 뇌에서 언어를 처리하는 부분과 다른 부분에서 처리된다"는 것을 증명했습니다. 2016년 두 명의 프랑스 신경학자 아말릭*Marie Amalric*과 데하네*Stanislas Dehaene*의 연구 결과[2]에 따르면, 수학을 처리하는 뇌는 언어를 처리하는 부분과 별개로 문제 해결을 처리하는 곳과 동일한 부분이라고 합니다. 이 결과는 아인슈타인이 "글과 언어로 쓰거나 말하는 것은, 내가 수학적 사고를 처리하는 데 어떤 역할도 하지 않는 것 같다[3]"라고 말한 이유를 설명해 줍니다.

아말릭과 데하네의 연구에서 가장 중요하게 발견된 것은 "뇌에서 수학을 처리하는 부분이 초등학교에서 배우는 것과 같은 간단한 수학 또한 정리한다"는 것입니다.

이 연구의 결과에 의하면 수학자들이 자신의 전문 분야에 대한 진술이나 문제에 직면할 때 전두엽*Prefrontal cortex*, 두정엽*Parietal cortex* 및 하측두엽*Inferior temporal lobe*이라는 영역이 활성화됩니다. 그리고 이 뇌의 영역은 일반인이 수를 다루거나, 덧셈과 뺄셈을 계산하거나, 종이에 쓰여진 수학 공식을 풀 때 작동하는 회로와 일치했습니다.

수학자의 뇌가 고급 수학을 처리하는 것과 일반인의 뇌가 덧셈이나 뺄셈을 처리하는 것은 같다고 봅니다. 이것은 혁명적인 발견입니다. 즉, 우리 모두는 수학자가 될 수 있거나 적어도 수학자처럼 생각할 수 있다는 것을 확인할 수 있습니다. 호모 사피엔스가 공간, 시간, 수에 대한 '선천적 지식'을 갖고 있음을 증명한 겁니다. 다시 말해 공간, 시간, 수는 호모 사피엔스의 선천적인 지식임을 증명했습니다.

그렇다면, 혁명적인 수학적 발견과 관계없는 보통 사람들인 우리에게 이 연구 결과가 시사하는 바는 무엇일까요? 누구나 단지 잠을 자는 동안에 멋지고 훌륭한 수학을 발견할 수 있다고 말하려는 게 아닙니다. 하루아침에 평범한 일반인에서 유명한 수학자로 바뀌지도 않을 겁니다. 하지만 수학자처럼 생각할 수 있게 자신의 두뇌를 훈련시킬 수 있습니다.

수학자들의 뇌가 복잡한 수학 문제를 해결하기 위해 독특하게 형성된 것은 아닙니다. 초등학교 2학년 학생도 수학을 배울 때, 라마누잔과 데카르트가 사용했던 것과 같은 뇌의 부분을 사용하고 있습니다. 물론, 음악을 배운다고 해서 미래에 모두 폴 매카트니와 같은 훌륭한 작곡가가 되는 것이 아닌 것처럼, 수학을 배운다고 해서 라마누잔이나 데카르트로 자라지는 않습니다. 하지만 우리 모두는 수학을 처리하는 데 필요한 뇌의 부분을 가지고 있습니다.

그렇다면 수학자들에게 다른 점이 있다면 무

엇일까요? 수학자들은 어느 정도의 타고난 능력과 함께 '수학자처럼 생각하는 방법'을 배웁니다. 자신이 사랑하는 재능Craf(또는 예술)을 실현하는 데 필요한 기술을 개발합니다. 또한 대부분은 자신의 재능에 집중하는 데 많은 시간을 보냅니다. 다른 누군가와 이야기를 나누고, 새로운 아이디어에 대해 읽고, 문제에 대해 고민하고, 꿈속에서 해결책을 찾기도 합니다.

폴 매카트니의 일화를 조금 더 파헤쳐 보겠습니다. 폴 매카트니는 피아노의 음표 고르는 방법 배우기를 시작으로 하룻밤 사이에 《Yesterday》를 작곡한 것이 아닙니다. 매카트니는 음악의 언어를 배웠습니다. 즉 오선지 위의 음표가 무엇을 의미하는지, 어떻게 코드를 읽고 연주하는지, 무엇이 좋은 화음을 만드는지 배웠고 그것에 대해 많이 생각했습니다. 그의 뇌는 음악가의 뇌처럼 생각하도록 훈련되었고 매일 많은 시간을 음악에 대해 생각하면서 보냈습니다.

교육자들과 연구원들은 누구라도 수학자처럼 생각하도록 훈련받는 게 가능하다는 것을 오랫동안 알고 있었습니다. 하지만 어떻게 훈련하는지는 논쟁의 여지가 있었습니다. 수학 교육을 개혁하려는 시도는 여러분의 부모님이나 심지어 조부모님이 기억할 수 있는 때까지 거슬러 올라갑니다. 톰 레러*Tom Lehrer*가 1965년에 《새 수학*New Math*》이라는 노래를 작곡했다는 걸 아시나요[4]!

록하트의 『수포자는 어떻게 만들어지는가』가 출간되기 이전인, 1996년에 쿠오코Cuoco와 동료들이 소개한 『마음의 버릇*Habits of Mind: An Organizing Principle for Mathematics Curricula*』[5]에는 "수학자들이 무엇을 하고 어떻게 생각하는지를 더 정확하게 반영하기 위해 수학 교육을 개혁해야 한다"고 주장하는 중요한 글이 담겨 있습니다. 저자들은 다음을 가장 먼저 언급하면서 주장을 시작합니다.

> 현재 초등학교 1학년생이 고등학교를 졸업할 즈음에는 현재 존재하지도 않는 문제들에 반드시 직면하게 될 것입니다.

이 생각은 21세기 기술 혁명 이전인 1996년보

다 지금 훨씬 더 확실합니다. 이 책에서 저자들은 수학 교육이 '사실의 가방*Bag of facts*'을 암기하는 것으로 이루어져 왔다고 주장하였습니다.

쿠오코와 동료들은 수학 교육에서 급진적인 변화를 요구했고, 그래서 수학자들이 이끌어낸 구체적인 지식보다는 **마음의 습관**Habits of Mind에 초점을 맞췄던 겁니다. 그러면서 학생들로 하여금 수학자가 가졌던 생각을 그대로 따라하게 하기보다는 직접 생각하도록 가르치는 것을 제안했습니다.

> 우리는 (수학이 만들어지는) 방법이나 (연구자들의) 기술이 어떤 한 연구의 연구 결과에 버금가도록 만드는 그러한 교육 과정을 원합니다. 즉, 그 동안은 결과만을 중요하게 생각했지만, 지금은 그 결과뿐만 아니라 그 결과를 위한 방법 혹은 기술을 중요하게 여기는 그러한 교육 과정이 필요합니다. 우리의 목표는 많은 고등학생들을 대학 수학자로 훈련시키는 것이 아닙니다. 오히려, 수학자들이 문제에 대해 생각하는 몇몇 방법을 고등학생들이 배우고 채택하도록 돕는 것입니다.

쿠오코와 동료들은 패턴 탐지가*Pattern sniffer*, 실험가*Experimenter*, 설명가*Describer*, 틴커러*Tinkerer*, 발명가*Inventor*, 비쥬얼라이져*Visualizer*, 추측하는 사람*Conjecturer*, 그리고 어림하는 사람*Guesser*[6]을 만드는 데 교육이 집중되기를 원했습니다. 이는 '수학은 암기해야 하는 기본적인 산술이다'라는 전통적인 생각과는 거리가 먼 것이었습니다.

수학적 사고를 가르치는 것이 무엇을 의미하는지를 명확히 하기 위해, 2010년에 처음 발표된 'Common Core State Standards for Mathematics(CCSSM)'는 8가지 **수학적 실천 규준**Standards for Mathematical Practices(SMPs)을 제시하였습니다. 수학 선생님들은 학생들이 K-12 교육에서 배우는 수학 개념과 함께 이 8가지 수학적 실천 규준을 집중해서 가르칠 수 있습니다. 수학적 실천 규준이 더 친절한 언어로 소개되기도 하는데, 교실 벽에 수학적 실천 규준이 게시된 다채로운 포스터를 본 적이 있을 겁니다.

여기서 8가지 수학적 실천 규준은 다음과 같습니다.

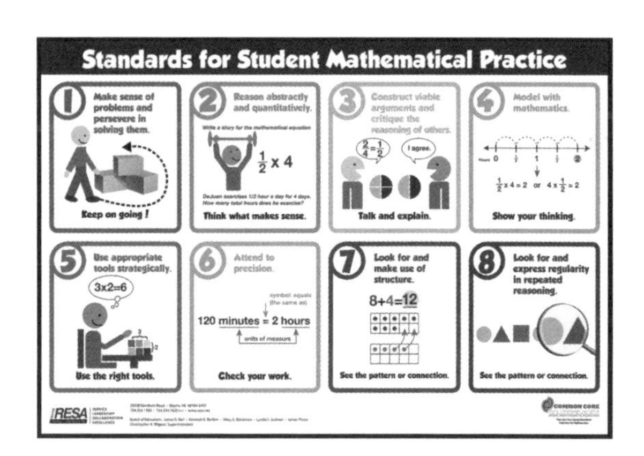

❶ 문제를 이해하고 끈기 있게 풀기

❷ 추상적으로, 정량적으로 추론하기

❸ 실행 가능한 주장을 구성하고 다른 사람의 추론을 비판하기

❹ 수학으로 모델링하기

❺ 적절한 도구를 전략적으로 사용하기

❻ 정확성에 주의를 기울이기

❼ 구조를 찾고 활용하기

❽ 반복된 추론에서 규칙성을 찾고 나타내기

여러분이 이 8가지 수학적 실천 규준을 따르

면, 수학자처럼 생각할 수 있게 됩니다. 수학자들은 논리를 사용하고, 패턴을 찾고, 추상적으로 추론하고, 어려운 문제에 직면했을 때 포기하지 않고, 오히려 이 문제를 해결하기 위해 인내합니다. 혹은 잠을 자면서도 꿈에서 계속 문제를 해결합니다. 수학자처럼 생각하는 것이 개인적으로 그리고 사회적으로 얼마나 도움이 되는지 쉽게 알 수 있습니다. 즉, 8가지 수학적 실천 규준은 21세기를 대비한 역량입니다.

	수학적 실천 규준	행동 특성
❶	문제를 이해하고 끈기 있게 풀기	• 문제의 의미를 스스로에게 설명하기 • 주어진 것, 제약조건, 관계, 목표를 분석하기 • 해결 경로를 계획하기 • 유사 문제를 참조하고 특수한 경우나 간단한 형태를 시도하기 • 자신의 풀이를 감독, 평가, 필요시 방향을 전환하기

	수학적 실천 규준	행동 특성
❷	추상적으로, 정량적으로 추론하기	• 문제 상황에서 양과 그 관계를 이해하기 • 탈문맥화 능력과 문맥화 능력 갖기 • 관련 단위를 고려하고 계산 방법뿐만 아니라 양의 의미를 다루며, 연산과 대상의 다른 성질을 알고 유연하게 활용하기
❸	실행 가능한 주장을 구성하고 다른 사람의 추론을 비판하기	• 가정, 정의, 증명된 결과를 이해하고 이용하여 논증을 구성하기 • 추측하고, 그것이 참인지 탐구하기 위해 명제를 논리적으로 전개하기 • 상황을 분석하고, 반례를 이용하기 • 자신의 결론을 정당화하고, 그 결론을 다른 사람과 의사소통하고, 다른 사람의 논증에 반응하기 • 자료의 출처(문맥)를 고려하여 논증을 만들면서 귀납적 추론하기 • 두 논증의 효과를 비교하기 • 추론의 시비를 구별하고, 오류를 설명하기
❹	수학으로 모델링하기	• 일상의 문제 해결을 위해 수학을 적용하기
❺	적절한 도구를 전략적으로 사용하기	• 문제 해결에 도구를 사용하기 • 도구의 장단점을 인식하여 사용 적절한 시기를 결정하기

	수학적 실천 규준	행동 특성
❻	정확성에 주의를 기울이기	• 정확하게 의사소통하기 • 토론이나 추론 시 명확한 정의를 사용하기
❼	구조를 찾고 활용하기	• 패턴이나 구조를 식별하기 위해 관찰하기
❽	반복된 추론에서 규칙성을 찾고 나타내기	• 계산의 반복을 파악하기 • 일반 해법과 약식 해법을 찾아보기

21세기의 문제를 해결하기 위해 수학을 준비해야 한다고 생각한다면, 수학을 처리하는 뇌가 언어를 처리하는 뇌와 별개라고 지적했던 아인슈타인의 말을 그대로 받아들일 수 없게 됩니다. 언어와 수학이 뇌의 다른 영역에서 처리된다는 사실에도 불구하고, 우리는 수학을 공부할 때 여전히 언어가 필요하기 때문입니다. 아마도 여러분은 문장제 문제에 좌절한 적이 있을 것입니다. 문장제 문제, 특히 실생활 문제는 수학 교육에서 매우 중요

합니다.

여러분이 학창시절 수학 시간에 풀어 본 문제들은 자신의 현재 삶과 전혀 관련이 없었을 겁니다. 아마도 중학교 1학년 시절, 선생님께 "그런데 앞으로 우리가 지금 배우는 수학이 쓸모가 있을까요?"라고 칭얼거렸던 적이 기억날 겁니다. 우리가 수학 수업에서 보는 많은 문제들은 '꾸며진' 겁니다. 여러분은 절대 특정 방향으로 가는 기차를 타지 않을 것이고 반대 방향으로 가는 다른 기차를 만날 정확한 시간을 계산할 필요도 없습니다. 하지만 일상생활에서 수학이라고 인식하지 못하는 여러 종류의 수학 문제들을 만나게 됩니다.

당신은 쿠폰을 잘 활용하나요? 식료품을 구입하기 위해 예산을 얼마로 잡을지 그리고 쿠폰을 이용해 얼마나 절약할 수 있는지 계산하고 있다면, 바로 수학을 하고 있는 겁니다. 자신의 휴대폰을 보고 밧데리를 언제쯤 충전해야 하는지 파악하려고 노력합니까? 그렇다면, 수학을 하고 있는 겁니다. 혹시 집이나 아파트의 벽면에 페인트 칠을 직접 하기 위해 페인트를 얼마나 사야 하는지 계산했던 적이 있습니까? 이 또한 수학입니다.

물론, 이런 문제들이 진짜 흥미로운 수학 문제라고 할 수는 없습니다. 아인슈타인도 아마 페인트가 얼마나 필요한지에 대해 깊이 생각하지는 않았을 겁니다. 그러나 수학적 사고를 포함하는 실생활 문제임은 분명합니다. 여러분은 자신이 알아차리지 못하는 방법으로 매일 수학을 사용하고 있습니다.

다음 단계는 수학적으로 생각하는 것이 무엇을 의미하는지 파악하고 그러한 기술을 활용하여 더욱 도전적인 21세기 문제와 씨름할 수 있도록 하는 것입니다. 교육자들에게 21세기를 위해 학생들이 필요로 하는 역량이 무엇인지 묻는다면, 다양한 답을 얻을 수 있을 것입니다. 대부분은 과학기술을 언급할 겁니다. 그리고 지속적인 정보의 흐름에서 관련이 있는 것과 관련이 없는 것을 분류하는 기술을 언급하기도 합니다. 분명한 것은 우리가 미래에 어떤 기술을 필요로 할지 아무도 모른다는 겁니다. 하지만 미래에 필요한 역량은 학교에서 전통적으로 배워 온 기술과는 분명히 다릅니다. 따라서 이러한 역량을 언제 알아야 하는지 선생님께 묻는 것은 여러 면에서 옳습니다!

켄 로빈슨 경*Sir Ken Robinson*은 2008년 연설에서 교육 시스템을 공장에 비유했습니다. 우리는 아이들을 생년월일 기준으로 '묶어서*Batches*' 대량 생산하고 그들 모두가 동일하게 기능하기를 기대합니다. 이런 방식은 경제가 주로 공장 일에 기반을 두었을 때는 충분히 잘 작동했지만, 사회는 변화했고 계속해서 빠르게 변화하고 있습니다. 켄 경은 다음과 같이 질문합니다(Robinson, K. 2008).

> 우리 아이들이 21세기 경제에서 잘 성장하도록 하려면 어떻게 교육해야 할까요? 다음 주말에 경제가 어떻게 될지 예측할 수 없다는 점을 감안할 때 우리는 어떻게 해야 할까요? 문제는 현재의 교육 시스템이 이전 시대에 맞게 설계되고 구상되고 구조화되었다는 것입니다.

그리고 켄 경의 대답은 이렇습니다.

> 학교에서 학생들은 다양한 사고나 질문에 대해

가능한 많은 대답을 할 수 있는 능력, 가능한 많은 방식으로 질문을 해석하는 발산적 사고를 함양해야 합니다.

다시 말해서, 우리는 문제 해결 능력이 필요합니다. 이러한 기술에 가장 잘 훈련될 수 있는 두뇌의 소유자는 누구일까요? 맞습니다. 수학자입니다. 우리는 자신이 직면한 알 수 없는 많은 도전들을 해결하기 위해 문제 해결 기술이 필요하다는 것을 알고 있습니다. 그리고 수학자들은 수학 문제를 해결할 때 '문제 해결'을 담당하는 동일한 뇌를 사용한다는 것을 신경학 연구로부터 확인했습니다. 즉, 수학자들의 이러한 모습으로부터 힌트를 얻는다면, 독자 여러분도 미래의 도전에 분명히 대처할 수 있습니다. 여러분의 배경이 어떠하든, 갖고 있는 기술이 무엇이든, 수학자들이 어떻게 생각하는지 배우고 그 기술들을 연습함으로써 자신의 뇌를 훈련시킬 수 있습니다.

앞으로 다음 장에서 배울 내용입니다.

❶ 수학적 마음의 습관 기르기*Develop a Mathematical habit*

❷ 더 나은 패턴 탐정가 되기*Become a better Pattern Detective*

❸ 확률적으로 실험하기*Use Probability and Experimentation*

❹ 수학 언어로 설명하고 말하기 *Describe and Speak in the Language of Math*

❺ 틴커링*Tinkering*

❻ 발견하기*Inventing*

❼ 시각화하기*Visualizing*

❽ 예측하기*Guessing*

여러분은 이 기술들이 앞에서 논의한 **마음의 습관***Habits of Mind*과 **수학적 실천 규준***SMPs*에 기초하고 있다는 것을 알 수 있습니다. 그건 우연이 아닙니다. 수학자들과 선도적인 수학 교육자들은 수학자처럼 생각하기 위해 무엇이 필요한지 알고 있습니다.

앞으로 전개될 각 장에서, 수학자들이 각각의 기술이나 마음의 습관을 어떻게 사용하는지 배울 것이고, 그런 식으로 생각하는 것을 돕기 위한 팁과 연습을 확인하게 됩니다. 걱정하지 마세요, 이 책은 수학 교재가 아닙니다. 오히려, 자신의 뇌를 훈련시키는 방법을 제공하기 때문에, **수학자의 마음가짐**으로 문제에 접근하기를 시작할 수 있습니다.

2장

패턴 탐정가 되기

P=2(a+b)
x=-10
x=-8
V=abc
1+1=2
666'6666

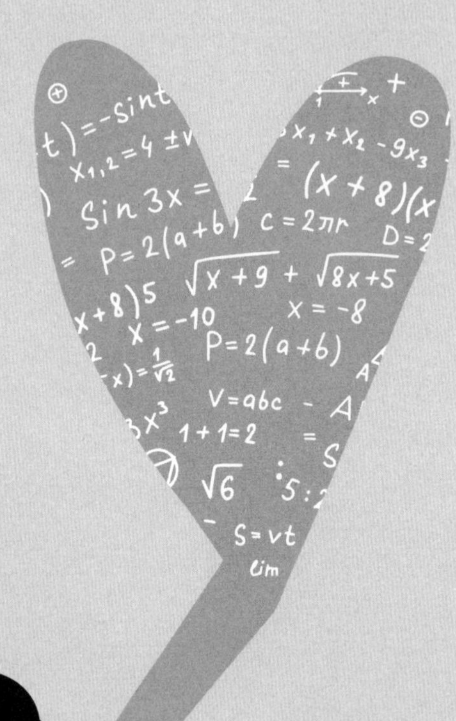
sin 3x =
c = 2πr
P=2(a+b)
√x+9 + √8x+5
x = -10
x = -8
V=abc
1+1=2
√6
S=vt
lim

계절이 바뀌고 날씨가 선선해지면서 나뭇잎들이 나무에서 떨어지는 것을 **알아차린 적이 있나요**? 고양이들이 볕이 좋은 장소에 누워있는 것을 좋아한다는 것을 **알아차린 적이 있나요**? 당연히, 알아차린 적이 있을 겁니다. 인간은 태어날 때부터 패턴을 찾는 성향을 가지고 있습니다. 어린 아이들은 자신이 울면 어른이 달려와 달래준다는 것을 **알아차립니다**. 벽에 그림을 그리면 어른들이 화를 낸다는 것도 **알아차립니다**. 이처럼 우리는 평소에 패턴을 보이며 발생하는 일을 관찰해왔기 때문에 어떤 특정한 행동과 현상도 패턴에 따라 발생할 것이라고 기대합니다.

그렇다면 패턴이란 무엇일까요? 선생님이 대수 규칙을 찾기 위해 패턴을 확장하라고 질문했던

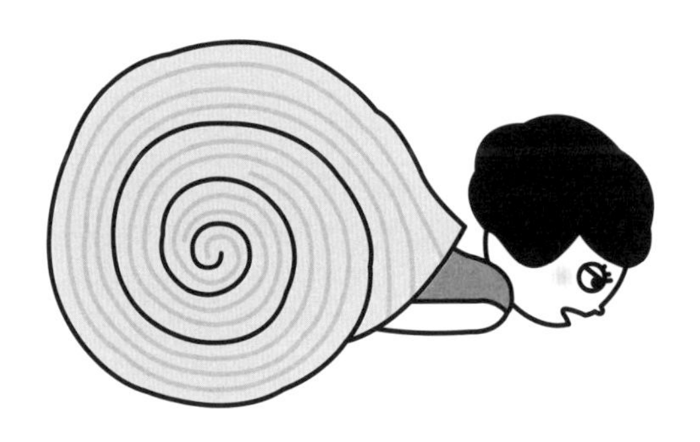

수학 수업이 갑작스럽게 스쳐지나갈지 모릅니다. 하지만 패턴은 수학 시간에 경험하는 것 이상으로, 자연의 모든 곳에 존재합니다. 달팽이 껍데기를 자세히 보면 패턴이 보일 겁니다. 돌을 던진 후 물이 출렁이는 모습을 보면 패턴이 보입니다. 수학자들은 이러한 패턴이 존재하는 이유가 무엇이고, 그것들이 이 세계에 대해 무엇을 말해줄 수 있는지를 알아내기 위해 패턴을 연구합니다. 물론, 수학자들은 사람들이 대수 수업에서 찾아낼 법한 패턴을 만듭니다. 그뿐 아니라 일반인들도 자신의 주변 세계를 이해하고 싶어하기 때문에 패턴을 연구합니다. 다시 말해, 패턴은 자연스러운 현상이며, 패턴을 이해하는 첫 번째 단계는 패턴을 **알아차리는 것**입니다.

인간은 구조*Structure*를 찾는 성향을 가지고 태어납니다. 신경과학자들은 기능성 MRI를 통해 인간의 뇌가 자연스럽게 어떤 일련의 항목에서 패턴을 찾는다는 것을 증명했습니다. 사실 "시각, 청각 또는 다른 감각으로 감지되는 무의미한 자료에서 패턴을 보는 인간의 경향"을 의미하는 **아포페니아***Apophenia*[7]라는 용어가 있습니다. 패턴을 찾으려는 인간의 욕구는 너무 강해서 패턴이 없는 곳에서도 패턴을 찾습니다! 극단적인 패턴 추구 행동은 강박 장애*Obsessive-Compulsive Disorder*, 자폐 스펙트럼 장애*Autism Spectrum Disorder*, 인지 및 사고의 오류와 착각의 원인이 되기도 합니다. 인간의 이러한 모습처럼, 패턴을 전혀 인식하지 못하는 것보다 패턴을 강박적으로 찾는 것이 훨씬 더 일반적입니다.

매사추세츠의 스프링필드 대학, 과학 및 교육 분야의 명예 교수인 로버트 바크만*Robert Barkman*은 "인간이 대부분의 동물계와 구별되는 점은 자신의 삶을 살아가면서 경험하는 정보에서 구조를 찾으려는 열망입니다"라고 강조했습니다. 인간 뇌 무게의 80%를 차지하고 포유류에서만 발견되는 신피

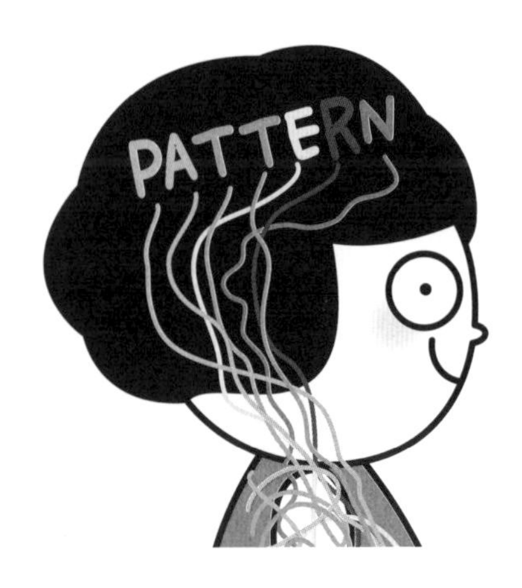

질[8]은 패턴을 담당하는 신경 네트워크를 형성합니다. 인간의 패턴 인식이 너무 뛰어나기에 컴퓨터는 패턴 인식면에서 아직 인간을 능가하지 못하고 있습니다.

패턴을 찾는 인간의 욕구와 능력은 아기들에게도 확인된 선천적인 기술입니다. 가장 대표적으로, 아기들은 언어를 습득하면서 **패턴 탐지하기 기술**_Pattern-sniffing skill_을 사용합니다. 자신이 어떠한 방식으로 말을 하는지 말하는 방식에 대해 생각해 보세요. 우리는 이 세상에 막 태어난 아기가 한 단어가 끝나고 다음 단어가 시작되는 곳을 알아차릴 수 있도록 하기 위해 각 단어 사이를 멈추고 말하지는 않습니다. 연구에 따르면, 8개월 된 아기들[9]도 특정한 소리가 함께 묶여서 들릴 때 또는 누군가 단어들 사이에서 잠시 멈추는 순간에 언어의 패턴을 인식한다고 합니다. 이런 패턴 인식으로 자신이 들은 소리를 이해할 수 있으며, 생애 첫 단어를 말하는 기적의 순간이 이어집니다.

지금쯤이면 **패턴 탐지하기***Pattern-sniffing*가 화장실 타일이나 벽지 문양에서 패턴을 알아차리는 것 이상의 의미를 가지고 있음을 이해하게 되었을 겁니다. 패턴은 시각적, 청각적 또는 (아기들이 언어를 배우는 방법에서와 같이) 어떤 일이 일어나거나 행해지는 규칙적인 방법일 수 있습니다.

우리는 패턴 탐지하기를 이용해 지식을 배웁니다. 초기의 인간들(그리고 동물들)은 자신의 동료들이 식물을 뜯어 먹을 때 무슨 일이 일어나는지 관찰하면서 어떤 식물을 먹는 게 안전한지 배웠습니다. 엄마들은 우는 아기에게 먹을 걸 주거나 안아주는 자세를 바꾸면 울음을 멈춘다는 것을 빠르게 배웁니다. 심지어 일기 예보도 패턴 인식을 기반으로 합니다. 현재는 최첨단 기계가 알고리즘을 사용해서 몇 주 후의 날씨를 예측하지만, 기계가 없었던 시절에 사람들은 이전에 무슨 일이 일어났었는지 관찰에 기초해서 날씨를 예측했습니다.

수학자들은 수년간 패턴을 찾는 실천을 해왔기 때문에 패턴을 찾는 데 능숙합니다. 여러분도 속도를 늦추고 패턴을 알아차리는 데 시간을 보냄으로써, 패턴을 알아차리도록 뇌를 훈련시킬 수 있습니다. 그렇다면 **패턴 탐지가**Pattern-sniffer가 되는 데 도움이 되는 몇 가지 연습을 해 봅시다.

연습 1

첫 번째는 간단합니다. 여러분이 타일이나 벽지 무늬가 있는 욕실에 있을 때, 그 무늬를 검사하기 위해 10초 정도 더 머물러 보세요. 타일이나 벽지 무늬를 어떻게 설명할 건가요? 타일이나 벽지 무늬가 어떤 규칙을 따르는 것처럼 보이나요? 만약에 패턴이 보인다면 그 패턴은 어떤 규칙을 따를 겁니다. 따라서 그 규칙을 설명하는 것이 중요합니다. 정육각형 주위에 6개의 정육각형이 계속 반복

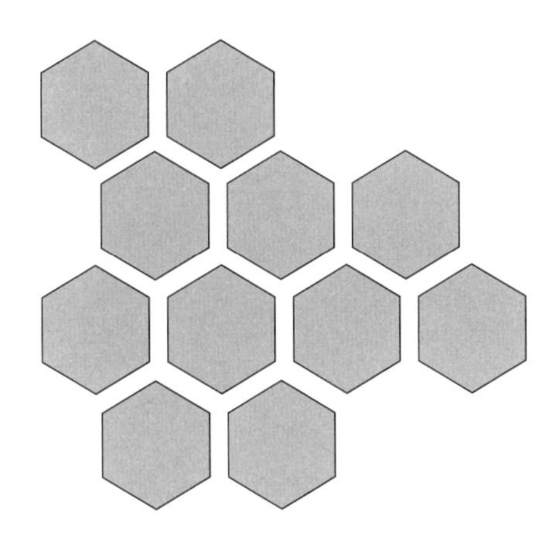

되는 것으로 보이나요? 아니면 약간씩 띄어져 새롭게 정육각형이 그려진 것처럼 보이나요? 타일이나 벽지가 끝난 지점에서도 이 패턴이 계속 이어진다고 상상해 보세요. 패턴은 벽이나 바닥을 어떻게 채울까요?

아마도 여러분은 화장실 벽면에서 패턴을 공부하는 것보다 음악을 들으면서 패턴을 찾아보는 쪽으로 마음이 쏠릴 수 있습니다. 새로운 노래를 듣게 되면, 드럼 비트나 베이스 라인을 선택하여 언제 바뀔지(예를 들어 코러스가 시작될 때) 예측하는 시도를 해봅니다. 여러분은 이러한 예측을 하면서 패턴을 배웠던 겁니다. 만약 여러분이 음악을 많이 듣거나 연주하는 사람이라면, 인생의 대부분의 시간 동안 패턴을 찾고 예측하는 일을 해왔을 겁니다. 당신의 뇌는 자신도 모르는 사이에 수학자처럼 작동하고 있는 거구요.

연습 2

다른 시각적 패턴을 탐지해 봅시다. 이번 패턴은 꽤 접근하기 쉽지만 조금 더 도전적이고, 고급 수학에 적용됩니다. 몇 분 동안 다음 패턴을 탐구해 보세요

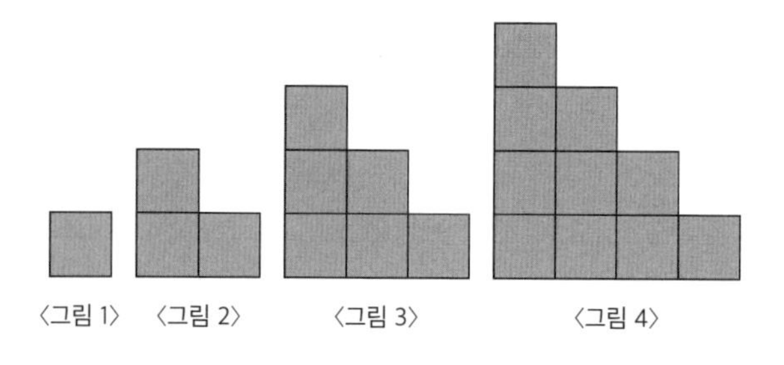
〈그림 1〉 〈그림 2〉 〈그림 3〉 〈그림 4〉

어떻게 늘어나는지 보이나요? 〈그림 5〉를 그려보세요. 그림을 그리기 위해 규칙을 따랐나요?

10번째, 50번째 또는 100번째 그림이 어떻게 보일 거라 생각합니까?

위의 패턴이 확장되는 규칙을 설명할 수 있다구요? 축하합니다! 당신은 방금 대수학에 첫 발을 내딛었습니다. 위의 패턴은 대수학 과정에서 사용되는 전형적인 성장 패턴입니다. 어떤 선생님들은 학생들이 패턴을 알아차리도록 훈련시키기 위해 이러한 패턴을 사용합니다. 또는 이차식*Quadratics*에 대한 연구를 시작할 때도 이 패턴을 사용합니다. 맞습니다. 위의 패턴은 2차 함수의 예입니다. 패턴을 설명하는 수학 공식은 $n(n+1)/2$입니다. 책을 내려놓고 도망가고 싶으신가요? 괜찮습니다. 공식 $n(n+1)/2$은 그림 번호 n과 그림 번호에 1을 더한 값 $n+1$을 곱한 뒤 2로 나눈 수가 이 그림의 타일 수와 같음을 의미합니다.

이에 대한 시각적 증거로 〈그림 4〉를 이용해 설명해 보겠습니다. 두 개의 〈그림 4〉를 아래와 같이 합쳐 직사각형으로 만들었다고 상상해 보면, 이 공식이 어떻게 완성되었는지 알 수 있습니다.

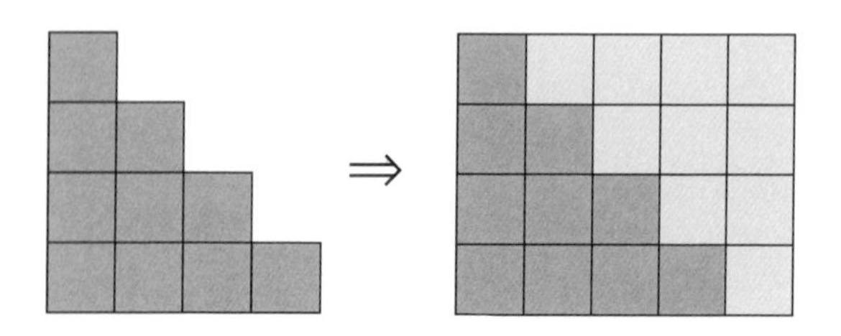

직사각형의 높이는 4(n 또는 그림 번호)이고, 가로는 5(n+1 또는 그림 번호에 1을 더한 값)입니다. 4×5를 곱하여 전체 직사각형의 면적을 만든 다음 2로 나누면 직사각형의 절반을 구성하는 계단 모양이 됩니다.

우연이 아니라, 그 수들은 **삼각수***Triangular number*를 나타내기도 합니다. 각 그림을 수로 표현하면 1, 3, 6, 10인데, 이와 같은 수로 작성된 동일한 패턴을 살펴봅시다.

1, 3, 6, 10은 수가 어떻게 증가하고 있나요? 10 다음에 오는 수는 무엇인가요? 삼각수는 점으로 삼각형 모양을 만들어 놓았을 때, 그 삼각형을 만들기 위해 사용된 점의 총 개수입니다.

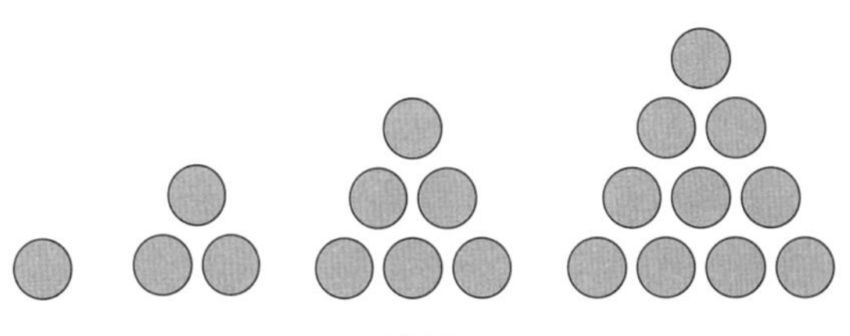
삼각수

삼각수가 정말 멋져 보이죠. 그런데 멋져 보이는 것만이 다가 아닙니다. 삼각수는 확률적으로도 많이 등장합니다. 그리고 도형을 나타내는 **도형수** *Figurate number*의 한 예입니다. 삼각수와 그 외의 여러 도형수를 조사하고 활용할 수 있는 다양한 흥미로운 방법들이 많습니다. 하지만 여러분이 이런 방법들을 자기 주도적으로 또는 대수 수업에서 공부해야 합니다. 혹시, 앞서 함께 확인한 연습이 너무 재미없나요? 걱정하지 마세요. 패턴을 알아차리고 관찰하는 것만으로도 여러분은 수학자처럼 생각하게 됩니다.

피보나치 수열은 자연에서 다양하게 확인할 수 있는 또 다른 패턴입니다. 피보나치 수열은 다음과 같이 전개됩니다.

0 1 1 2 3 5 8 13 21 34 55 ……

이 수들 사이의 관계를 알아낼 수 있습니까? 피보나치 수열의 각 항은 앞의 두 항의 합입니다. 34와 55 이후의 수는 34+55 즉, 89입니다. 피보나치 수는 2천 년 이상 인도 수학자들에게 알려져 왔습니다. 피보나치로 알려진 이탈리아 수학자 피사의 레오나르도[10]가 1202년경에 이 수열을 서양에 처음 소개했습니다.

그런데 현재까지 피보나치 수열이 존재하는 이유는 무엇일까요? 피보나치 수열에 어떤 중요한 점이 있을까요? 피보나치 수열의 수는 서로 비례관계를 가집니다. 즉, 한 항을 앞의 항으로 나눈 값은 일정한 비율을 나타냅니다. 순서가 길어질수록 항의 비율은 마법의 수 ϕ[11] *Magical number of phi* 1.618에 가까워집니다[12].

ϕ는 자연에서 자주 언급되는 **황금비**Golden ratio라는 이름을 얻었습니다. 해바라기 씨앗이 촘촘히 박혀 있는 꽃머리를 유심히 보면 왼쪽과 오른쪽 두 개의 방향으로 엇갈리게 피보나치 수열로 배열되

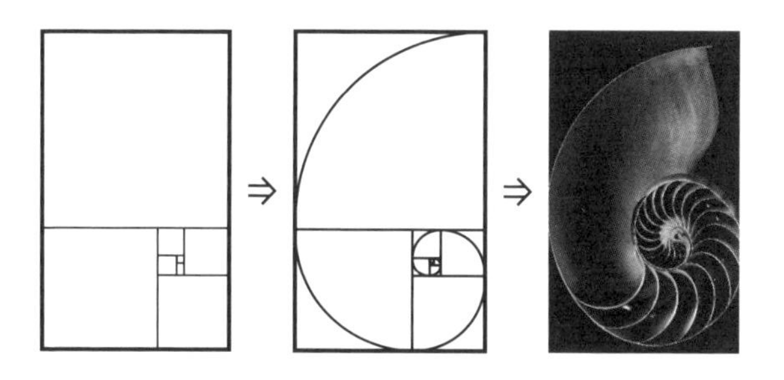

어 있다는 걸 알 수 있습니다[13]. 달팽이 껍질은 나선형으로 크기가 커지면서 그 패턴에 황금비가 포함되어 있습니다. 나뭇가지가 뻗는 방식도 황금비를 따르며, 나무의 키가 클수록 가지의 수가 비례적으로 증가합니다. 즉, 황금비를 여러 곳에서 확인할 수 있습니다.

수천 년 동안 사람들이 공부해온 수학의 주제들을 볼 때, 사람들이 어떻게 그 주제에 관심을 갖기 시작했는지 상상하기 어려울지도 모릅니다. 모든 것은 한 사람이 질문을 하거나 패턴을 알아차리는 것으로 시작한다는 것을 기억하세요. 아마도 수십만 년 전 어느 시점에, 누군가 나뭇가지가 패턴을 따라 자란다는 것을 알아차렸을 겁니다. 아마도

나뭇가지의 수

자신 주변의 다른 것들도 같은 패턴을 따르는 것처럼 보인다는 것을 알아차렸을 겁니다. 그 결과 마침내 수학 이론이 형성되었습니다.

더 나은 패턴 탐지가가 되기 위해, 매일 자신의 주변에서 관찰 가능한 패턴을 찾고 이해하려고 노력하세요. 그리고 시각적 패턴이나 청각적 패턴 등과 같은 패턴이 확인되면, 그 패턴을 설명해 보세요.

- 패턴의 어떤 부분이 반복되고 있습니까?
- 패턴이 반복될 때마다 달라지는 게 있나요?
- 패턴이 계속되면 어떻게 됩니까?

여러분이 패턴의 감각을 갖게 됨으로써, 우리 세계 어디에나 패턴이 존재한다는 것을 곧 알게 될 것입니다.

3장

확률적으로 실험하기

x = -10
x = -8
P=2(a+b)
V=abc
1+1=2
666'6666

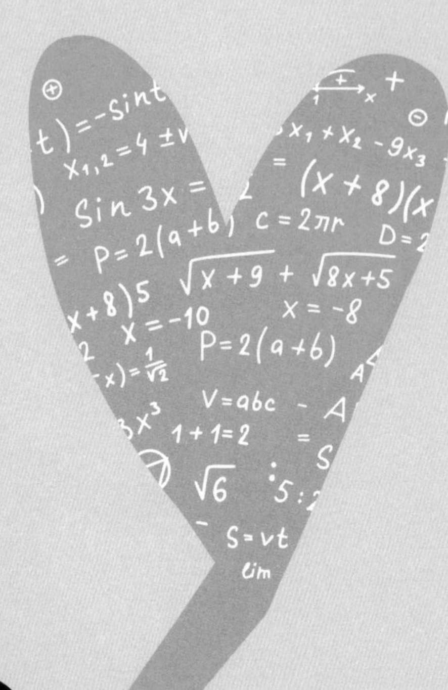

Sin 3x =
P=2(a+b)
c = 2πr
x = -10
x = -8
P=2(a+b)
V=abc
1+1=2
√6
S=vt
lim

만약 여러분이 주사위 게임을 하거나 도박과 관련된 영화를 본 적이 있다면, 아마 '러키 세븐 *Lucky seven*'이라는 단어를 들어봤을 겁니다. 당연히 《Lucky 7》이라는 영화가 있었고 카지노라는 드라마도 있습니다. 《Lucky Sevens Film Challenge-Las Vegas 2021》이라는 영화도 있었습니다.

또한 'Lucky Sevens'이라는 상호의 레스토랑이나 커피 전문점 등 '러키 세븐'은 어디에서나 확인할 수 있는 문구입니다. '러키 세븐'을 들어본 적이 없다는 건 불가능해 보이네요.

그렇다면, 왜 '7*Seven*'이 Lucky 즉, 운이 좋은지에 대해 생각해 본 적은 있나요? 그건 이유가 있습니다. 숫자 7의 '행운'은 확률로 설명할 수 있는데, 특히 주사위를 사용하는 게임에 대해서입니다.

각 선수가 차례대로 주사위 한 쌍을 던지면서 게임을 한다고 가정해 보겠습니다. 각 주사위를 한 번 던지면 정확히 1에서 6까지의 숫자가 나옵니다. 다음 표는 주사위 한 쌍을 한 번 던져서 얻을 수 있는 결과의 예입니다.

주사위 1	주사위 2	합
1	1	2
3	4	7
6	2	8
6	6	12

이제 종이 한 장을 펴고 두 개의 주사위를 던졌을 때 나올 수 있는 모든 경우를 적습니다. 어떤 것도 놓치지 않도록 빠짐없이 적어야 합니다. 예를 들어, 주사위 1에 숫자 1이 나왔다면 주사위 2는 1, 2, 3, 4, 5, 6이 나올 수 있습니다. 이렇게 주사위 1에서 나온 수(□)와 주사위 2에서 나온 수(△)를 (□, △)로 모두 나열하면 다음의 경우와 같고, 총 36가지의 가능한 경우가 확인됩니다.

이제 던질 때마다 나올 수 있는 두 주사위 값의 합을 기록합니다. 두 주사위를 던져 그 합이 1이 되는 경우는 몇 가지입니까? 없습니다. 그럼, 그 합이 2가 되는 경우는 몇 가지입니까? 한 가지입니다. 그 합이 3이 되는 경우는? 두 가지입니다. 그 합이 7이 될 때까지 경우를 계속 확인해 봅시다. 그 합이 7이 되는 경우는 몇 가지입니까? 여섯 가지입니다. 그 합이 7이 되는 경우가 다른 총합이 되는 경우보다 많네요.

합이 7이 되는 경우

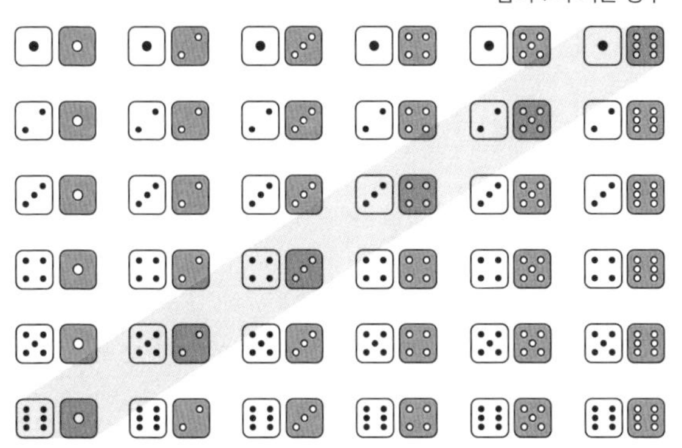

합	1	2	3	4	5	6
경우	×	⚀⚀	⚀⚁ ⚁⚀	⚀⚂ ⚁⚁ ⚂⚀	⚀⚃ ⚁⚂ ⚂⚁ ⚃⚀	⚀⚄ ⚁⚃ ⚂⚂ ⚃⚁ ⚄⚀
경우의 수	0	1	2	3	4	5

합	7	8	9	10	11	12
경우	⚀⚅ ⚁⚄ ⚂⚃ ⚃⚂ ⚄⚁ ⚅⚀	⚁⚅ ⚂⚄ ⚃⚃ ⚄⚂ ⚅⚁	⚂⚅ ⚃⚄ ⚄⚃ ⚅⚂	⚃⚅ ⚄⚄ ⚅⚃	⚄⚅ ⚅⚄	⚅⚅
경우의 수	6	5	4	3	2	1

그렇다면 7은 행운의 수가 맞나요? 그보다는, 다른 수보다 7이 나올 가능성이 수학적으로 더욱 높다는 것을 확인할 수 있습니다. 개인적 경험, 문화, 미신 등 여러 측면에서 보면, 7이 운이 좋다고 믿는 이유는 상당히 많을 겁니다. 하지만 두 개의 주사위를 던지는 상황에서, 숫자 7의 '행운'은 수학으로 설명될 수 있습니다.

어떤 사건이 일어날 확률은 항상 0과 1 사이의 값으로 설명됩니다. 확률은 보통 분수나 백분율로 표현됩니다. 확률 0은 그 사건이 일어날 가능성이 전혀 없다는 것을 의미합니다. 주사위 두 개를 던졌을 때 그 합이 0이 될 확률은 얼마인가요? 0입니다. 절대로 그런 경우는 나올 수 없기 때문입니다.

확률이 1이라는 것은 어떤 사건이 반드시 일어난다는 의미입니다. 즉, 그 사건이 일어나는 게 보장된다는 뜻입니다. 두 개의 주사위를 던져 나온 값의 합이 2에서 12 사이일 확률은 1(또는 100%)이라고 말할 수 있습니다. 왜냐하면 두 개의 주사위를 던져 나온 값을 합하면 2에서 12 사이의 값이 반드시 나오기 때문입니다. 하지만 실제 생활에서 100% 보장되는 일은 거의 없습니다.

따라서 특정한 사건이 일어날 가능성인 확률은 0과 1 사이의 값입니다. **확률**은 원하는 사건이 일어날 수 있는 경우의 수를 일어날 수 있는 모든 경우의 수로 나누어 계산합니다. 이 값을 분수나 퍼센트로 쓸 수 있습니다.

$$확률 = \frac{원하는\ 사건이\ 일어날\ 수\ 있는\ 경우의\ 수}{일어날\ 수\ 있는\ 모든\ 경우의\ 수}$$

두 개의 주사위를 던지는 예에서 그 합이 7인 사건이 일어날 확률은 1/6입니다. 왜냐하면 두 개의 주사위를 던져 일어날 수 있는 모든 경우의 수는 36가지이고, 그 합이 7이 되는 경우의 수는 6가지이므로, 분모는 36이고 분자는 6입니다. 따라서 주사위 두 개에서 나온 두 수의 합이 7일 확률은 6/36 즉, 1/6로 약분될 수 있습니다.

확률이 어떻게 측정되는지에 대한 약간의 이해는 여러분이 일상생활을 헤쳐 나가는 데 도움을 줄 수 있습니다. 컴퓨터는 날씨를 예측하기 위해 고급 알고리즘을 사용합니다. 만약 어느 날 일기 예보에 비가 올 확률이 30%라고 한다면, 비가 올 가능성이 어느 정도 있다고 보고 가방에 우산을 챙기는 것이 좋겠네요. 만약 비가 올 확률이 75%라면, 비가 오지 않을 확률보다 더 높습니다. 비가 올 확률이 95%라면, 레인부츠를 신어야겠죠. 왜냐하면 그날 여러분은 거의 틀림없이 비에 젖을 테니까요.

이때, 주의할 점이 있습니다. 우리가 2장에서 확인한 바와 같이, 일기 예보는 이전의 날씨 사건들의 패턴에 근거를 둡니다. 지난 50년 동안 일기 예보는 상당히 정확해졌지만, 여전히 완벽하게 정확한 것은 아닙니다. 일기 예보에서 비가 올 확률이 100%라고 발표했는데 비가 오지 않는다고 일기 예보관에게 이 책을 던지지는 마십시오. 일기 예보는 분명히 '**예측**'일 뿐임을 기억하십시오.

하지만 확률이 어떻게 측정되는지 이해하는 것보다 더 중요한 게 있습니다. 만약 여러분이 두 개의 주사위를 던지는 게임을 하는데, 주사위를

36번 던졌다면, 두 주사위의 합으로 7이 정확하게 여섯 번, 6이 정확하게 다섯 번 등으로 나오지는 않을 겁니다. 현실 세계에서 이 게임을 한다면 확률은 좀 더 복잡해집니다.

이론적으로 주사위 한 쌍을 36번 던지면 위에서 예측한 결과를 얻을 수 있지만, 실제로는 결과가 더 엉망일 가능성이 높습니다. 이것이 **이론적 확률***Theoretical probability*[14]과 **경험적 확률***Experimental probability*[15]의 차이입니다. 말 그대로 이론적 확률은 이론적으로 설명이 가능한 값입니다. 경험적 확률은 주사위를 직접 던져 얻을 수 있는 값입니다.

참 고 

확률이란

확률*Probability*은 '어떤 사건이 발생할 가능성' 또는 '어떤 명제가 사실일 가능성'을 수치로 설명한 것이다. 확률은 숫자 0과 1 사이의 값으로, 0은 발생 가능성이 0%인 반면, 1은 100%로 발생함을 의미한다.

- 확률은 크게 이론적 확률(수학적 확률)과 경험적 확률(통계적 확률)로 구분된다.

- 사건 A가 일어날 수학적 확률:
  어떤 시행의 표본공간 S에 대하여 각 원소가 일어날 가능성이 모두 같은 정도로 기대될 때, A가 일어날 경우의 수를 S의 경우의 수로 나눈 값 n(A)/n(S)
- 사건 A의 통계적 확률:
  어떤 시행을 n번 반복하였을 때, 사건 A가 일어난 횟수를 r_n이라 하면, n이 한없이 커짐에 따라 상대도수 r_n/n이 가까워지는 일정한 값 p

수학적 확률은 어떤 사건이 일어날 확률을 전체의 경우의 수에 대한 그 사건의 경우의 수의 비라는 개념이다. 다시 말해, 주사위 6개의 면 중 숫자 2는 하나의 면이기 때문에 주사위를 던져 2가 나올 확률은 1/6이 된다. 동전 던지기를 예로 들면, 동전의 앞면이 나올 '수학적 확률'은 1/2이다. 4번을 던지든 100번을 던지든 이론적으로 절반의 확률로 앞면이 나와야 한다.
그러나 실제로 동전을 10번 던져서 앞면이 2번 나올 수도 있고, 9번 나올 수도 있다. 만약 동전을 5번 던져서 앞면이 1번 나왔다면, 이때의 통계적 확률은 1/5이다. 통계적 확률은 경험치에 따라 그 값이 달라지는 특성이 있다.
단, 실험을 통해서 실질적으로 얻은 통계적 확률의 값은 실험을 더 많이 반복하면 할수록 수학적 확률의 값에 가까워지는 특성을 가지고 있다.

확률에 대한 한 가지 흥미로운 점은 사건이 발

생할 경험적 확률이 실험 횟수가 증가함에 따라 이론적 확률에 근사한다는 것입니다. 쉽게 말해, 주사위 던지는 횟수를 늘릴수록 이론적 확률값을 얻을 가능성이 높다는 의미입니다. 만약 여러분이 주사위를 정확히 36번 던지면, 두 주사위의 합으로 7이 한 번, 2가 다섯 번, 6이 여덟 번 또는 어떤 값이 나올지 아무도 예측할 수 없을 겁니다. 하지만 주사위를 100번, 1,000번, 100만 번 던지면, 두 주사위의 합으로 7이 될 확률의 값이 점점 1/6에 가까워질 겁니다.

동전 던지기를 생각한다면 좀 더 이해가 쉬울 겁니다. 이론적으로, 동전을 던지면 50%는 앞면으로(또는 1/2) 그리고 50%는 뒷면으로 떨어져야 합니다. 우리 대부분은 동전을 여러 번 연속으로 던져 계속 앞면이 나오거나 뒷면이 나왔던 경험이 있습니다. 아마도 그날 운이 좋았다고 생각하거나 동전이 좀 이상했다고 생각했을지 모릅니다. 하지만 동전을 반복해서 던질 때 무슨 상황이 벌어지는지 확인하기 위해 한 시간, 다섯 시간, 또는 열 시간 동안 동전을 던지지는 않았습니다. 분명한 건, 동전 던지는 시간이 늘어남에 따라 전반적인 결과는 앞면과

참 고

동전 던지기

프랑스의 박물학자 뷔퐁*C. Buffon*(1707-1788)이 동전을 4,040번 반복해서 던진 결과 앞면이 2,048번 나왔으며 그 비율은 0.5069이다. 1900년경에 영국의 통계학자 칼 피어슨*Karl Pearson*(1857-1936)이 동전을 24,000번이나 반복해서 던진 결과 앞면이 12,012번 나왔으며 상대도수를 계산하면 0.5005이다. 또 남아프리카 공화국의 수학자 케리히*John Edmund Kerrich*(1903-1985)가 동전던지기를 10,000번 시행한 결과, 앞면이 5,067번 나왔으며 그 비율은 0.5067이다. 우연이긴 하지만 동전을 던지는 횟수가 증가하면 할수록 앞면이 출현한 비율은 0.5에 더 가까운 값이 나오고 있다.
그러나 동전 던지기에서 앞면이 나올 확률이 0.5라고 하여 두 번 중의 한 번은 앞면이 나온다는 의미는 아니다. 동전 던지기를 계속하였을 때 던진 횟수의 절반 정도가 앞면이 나올 것으로 기대된다는 의미이다.

뒷면이 각각 50%에 가깝게 나옵니다.

그렇다면 동전 두 개를 던지면 그 결과는 어떻게 될까요? 동전 2개를 던지는 내기에서 둘 중에 하나만 앞면이 나오기를 기대한다고 해봅시다.

즉, 동전 두 개 중에서 한 개가 앞면, 다른 한 개가 뒷면으로 나오는 겁니다. 동전 하나가 앞면이 나올 확률이 50%라면, 동전 두 개를 던져 둘 중에 하나가 앞면이 나올 확률은 첫 번째 동전이 앞면이 나오거나 두 번째 동전이 앞면이 나오게 되므로 50%+50%=100%라고 계산해야 할까요?

각 동전이 앞면으로 떨어질 확률은 50%이지만, 동전 두 개가 서로 독립이므로 각 동전의 확률을 더할 수 없습니다. 현재 동전 두 개로부터 확인할 수 있는 경우는 모두 4가지 '앞면-앞면, 앞면-뒷면, 뒷면-앞면, 뒷면-뒷면'입니다. 동전 두 개 중에서 한 개의 동전만이 앞면으로 떨어질 확률은 50%로, 전체 4가지 경우 중에서 "앞면-뒷면, 뒷면-앞면" 두 가지의 경우입니다.

패턴을 알아차리는 것처럼, 확률을 이해하는 것도 세상에서 일어나는 많은 것을 이해하는 데 도움이 될 것입니다. 우리 사회의 여러 측면들은 확률에 기반을 둡니다. 미국의 건강 보험 산업에 대해 생각해 보세요. 건강 보험 개혁안*Affordable Care Act*[16] 이전에는 보험 회사가 많은 비용을 부담할 위험이 높다고 판단되는 개인에 대한 보험을 거부할 수 있었습니다. 이 사람들은 이미 건강상에 문제가 있었거나 보험 회사가 정한 건강하지 못한 생활 방식으로 살고 있었을지 모릅니다. 이 판단은 미국의 시민을 차별하는 데 적용되었습니다. 이전에 보험을 거부당했던 사람들 중 누군가는 이렇게 이야기할지 모릅니다.

> 우리 각자 모두가 보험 회사로 하여금 반드시 더 많은 비용을 지불하게 한다는 것을 의미하지는 않습니다.

하지만 보험회사들은 집계 데이터*Aggregate data*[17]를 바탕으로 높은 의료 비용을 부담할 위험이 높다고 판단되는 개인을 모두 걸러냈던 것입니다.

데이터는 집계 수준에서 조사될 수 있습니다. 하지만, 이렇게 조사된 결과로부터 개별적인 결론을 도출하려고 할 때 위험한 부분이 있습니다. 사람들이 집계 데이터를 확인하고(정확한지 여부와 관계없이) 개인에게 적용하려고 할 때 **편향***Bias*이 형성되기 때문입니다.

좀 더 개인적인 차원에서, 확률을 이해하는 것은 자신의 삶에서 더 나은 선택을 하도록 도울 수 있습니다. 여러분은 매일 로또를 사는 사람입니까? 만약에 1등 당첨을 꿈도 꾸지 않는다면, 그건 로또의 당첨 가능성이 너무도 희박하다는 걸 알기 때문일 겁니다[18]. 인베스토피디아*Investopedia*에 따르면 파워볼[19] 잭팟에 당첨될 확률은 2억 9220만분의 1입니다. 즉, 0.00000034 또는 0.000034%의 확률로 당첨될 수 있습니다. 이 값은 여러분이 특정한 해에 벼락을 맞을 가능성보다 거의 480배나 낮습니다. 당첨 확률이 너무 희박하기 때문에 로또나 잭팟을 여러 장 산다고 해서 당첨될 확률이 높아진다고 볼 수 없겠네요.

하지만, 여러분이 지역 바자회에서 준비한 추첨권을 산다고 합시다. 500장이 팔렸는데 그중에서 한 장을 샀다면 당첨 확률은 500분의 1, 즉 0.2%입니다. 만약 여러분이 정말로 당첨되기를 원한다면, 더 많은 수의 추첨권을 사고 싶을 지도 모릅니다. 49장의 추첨권을 더 구입하여 50장의 추첨권을 구입했고 총판매 수가 549장(총 판매 수에 추가한 것임)이라면 당첨 확률은 이제 9%를 조금 넘어 거의 10분의 1이 됩니다. 당첨되지 않을 확률이 91%이기 때문에 추첨권을 구입하는 것이 돈을 쓰는 좋은 방법은 여전히 아닙니다. 그렇지만 로또나 잭팟에 당첨되는 것보다 추첨권에 당첨될 가능성이 더 높습니다. 게다가, 당신이 바자회에서 추첨권을 구입하는데 쓴 돈은 아마도 좋은 목적으로 쓰이게 되겠죠.

이후에 우연게임을 할 기회가 생기거나, 일기예보를 듣거나, 정치적인 경쟁에서 예상되는 승리의 도표를 보게 될 때, 확률이 패턴과 이론에 근거하여 무슨 일이 일어날지 일어나지 않을지 정도는 알려줄 수 있지만, 무슨 일이 어떻게 일어날지 정확하게 알려줄 수 없다는 것을 명심해야 합니다.

4장

수학 언어로 설명하고 말하기

P=2(a+b)
x=-8
x=-10
V=abc
1+1=2
666'6666

C = 2πr
√x + 9 + √8x + 5
X = -10
x = -8
P = 2(a + b)
V = abc
1 + 1 = 2
√6
S = vt
lim

수학은 우리 주위에 가득합니다. 수학적 현상은 자연에 존재합니다. 만약 주변 세계에 대해 궁금한 게 생겼다면, 약간의 수학 지식을 갖고서 시간을 들여 알아본다면 이해할 수 있게 될 것입니다.

하지만 여전히 일반인과 수학자를 구분하는 무언가가 있습니다. 바로 **수학 언어***Language of Mathematics*를 아는 것입니다. 아마도 중·고등학교에서 가르치는 수학은 많은 학생들에게 제 2, 3, 4의 언어일 겁니다. 우리가 방정식을 풀고, 문장제 문제를 해독하는 데 쓰는 모든 시간은 우리 주변의 수학적 현상을 이해하기 위한 연습입니다.

수학 언어를 더 자세히 살펴봅시다. 가장 먼저 수를 영어로 말하는 방식이 영어가 아닌 다른 나라의 언어로 말하는 방식과 비교해 의미가 덜 반영된다는 점을 이해해야 합니다. 예를 들어, 영어로 **세는 방법**Counting System을 익힌다고 해봅시다. 상당히 복잡하다고 느낄 겁니다. 왜냐하면 영어로 수를 나타내는 명칭은 논리적이지 않은 면이 많기 때문입니다.

영어로 숫자 11부터 19까지를 살펴보면, 11*Eleven*과 12*Twelve*는 명칭이 있고 13*Thirteen*에서 19*Nineteen*는 Three와 Ten, Nine과 Ten처럼 일의 자리수와 Ten으로 구성되어 있습니다. 20이 되면, 순서가 바뀌는데 10자리의 숫자가 먼저 옵니다. 예를 들어 21*Twenty-one*은 20과 1을 의미하며 87*Eighty-seven*은 80과 7을 의미합니다. 라틴계 언어[20](프랑스어, 스페인어, 이탈리아어, 포르투갈어, 루마니아어 등)에서도 수 11에서 15까지는 부르는 명칭이 불규칙하고 16부터는 '10과(Ten and)~'의 구조로 전환됩니다. 단, 영어의 순서와 반대이지요. 예를 들어, 수 17은 스페인어로 'Diecisiete'인데 문자 그대로 10과 7이며, 프랑스어로 'Dix-sept'도 10과 7입니다[21].

하지만 한국어, 중국어, 일본어에서 십 단위 수를 세는 구조는 훨씬 더 논리적입니다. 한국어로

11은 십일*Ten-one*, 12는 십이*Ten-two*, 19는 십구*Ten-nine*, 20은 이십*Two-ten*, 30은 삼십*Three-ten*, 90은 구십*Nine-ten*, 97은 구십칠*Nine-ten-seven*입니다. 이렇게 수를 읽으면 바로 수의 값이 됩니다. 영어의 수 세기가 한국어처럼 논리적이라면, 영어를 사용하는 어린아이들이 셈하는 방법을 배우는 것이 얼마나 더 쉬울지 생각해 보세요!

더 큰 수를 어떻게 읽는지 관찰해보면 영어는 한국어에 비해 체계적이지 않습니다. 예를 들어, 영어로 427*Four hundreds twenty seven*은 4개의 100, 2개의 10, 7개의 1로 구성됩니다. 학생들은 각 자릿수를 분해하여 나타내는 방식*Expanded Form*을 배우는 데 많은 시간을 할애하여, 10진법에 따라 각 숫자의 값을 이해할 수 있게 됩니다. 예를 들어 427이 400+20+7로 분해되는 방법을 배웁니다. 초등학교 2학년 선생님이 427에서 2를 가리키며 "2가 무엇을 의미하나요?"라고 물었던 것을 기억할 겁니다. 만약 대부분의 학생들처럼 "2*Two*요!"라고 대답하면, 선생님은 2가 실제로 20임을 모른다는 것에 의아해하면서 어쩌면 실망한 표정을 지었을 것입니다.

한국어로 427은 4백, 2십, 7이라고 읽습니다. 언어가 각 자리의 값을 전달하기 때문에 수 427을 읽기 위해 분해할 필요가 없습니다. 만약 영어로 각 자리의 값을 한국어처럼 명확하게 전달한다면, 덧셈과 뺄셈을 배우는 것이 정말 쉬워질 겁니다.

아이들이 성장해 **자릿값***Place value*에 대해 배우고 나면, 수학 언어, 특히 문자와 식을 다루는 대수를 배우는 데 많은 시간을 할애합니다. 여러분은 방정식에서 문자를 처음 봤을 때 혼란스러웠습니까? 초등학교 6학년 때까지는 수를 다루는 수학을 배웁니다. 그러다 중학교에 입학하면 갑자기 문자를 포함한 방정식을 배웁니다. 선생님들은 학생에게 'x'는 더 이상 곱셈을 의미하는 것이 아니라 아직까지 모르는 미지의 값(미지수)을 의미한다고 말합니다. 학생들이 자신이 처리하는 수학에 대해 많은 것을 이해하지 못한 채 절차적인 방식으로만 수학을 배운다면, 중학교 때 수학을 싫어하는 것은 너무나 당연합니다.

교육 개혁은 수학에 대한 이러한 많은 오해들을 바로잡기 위해 노력해 왔습니다. 유치원 때부터 자릿값이 강조되면서, 학생들은 어릴 때부터 방정식의 **미지수***Unknown value* 개념과 다양하게 쓰여진 방정식(7=♥+2)을 이해합니다. CCSSM은 어린이들이 수학의 의미를 이해하는 것을 돕기 위해 진지한 노력을 기울였습니다. 즉, 교사들이 절차를 가르치기보다 의미에 초점을 맞추어 가르쳐야 한다는 것을 강조했습니다.

대수학*Algebra*은 수학에서 오랫동안 '수학의 문지기'로 알려져 왔습니다. 뉴욕시에서 학생들은 고등학교를 졸업하기 위해 대수I 리젠트 시험*Algebra I Regents Exam*[22]을 통과해야만 합니다. 많은 고등학생들이 리젠트 시험을 통과하기 위해 한 번, 두 번, 심지어 세 번 이상 대수학 수업을 듣습니다. 리젠트 시험에 대한 몇몇 연구에 의하면, 대수학 합격률은 고등학교 졸업률을 예측했으며, 대수학에 실패한 학생들이 고등학교를 졸업할 확률은 20%에 불과했습니다.

만약 여러분이 리젠트 시험에서 대수학을 통과하지 못했다 하더라도 두려워하지 마세요. 대수학은 여러분이 생각하는 것만큼 두려운 대상이 아

닙니다. 이미 알고 있는 수에 대한 규칙을 확인하고 이를 일반화한 것입니다. 예를 들어 간단한 식 8-3=5가 있습니다. 이 식에서 수 3을 몰라 '미지수 x'를 사용하여 다시 쓰면 8-x=5입니다. 여기서 x를 찾기 위해 뺄셈을 사용하게 됩니다(또는 덧셈을 사용할 수도 있음). 8에서 어떤 값을 빼면 그 결과가 5와 같아야 합니다. 이 값을 어떻게 계산할 수 있을까요? 손가락을 세어가면서 계산할까요? 5에서 몇을 더해 8이 되는지 계산할까요? 여러분이 어떤 방법으로 이 방정식을 풀이하든지 모두 괜찮습니다. 왜냐하면 이 문제를 풀 수 있다는 것은 뺄셈의 구조를 이해하고 있다는 의미이기 때문입니다.

학년이 올라갈수록 대수학은 더 복잡해집니다. 그러나 $y=3x+2$와 같은 식도 초등학교에서 배우는 산술(덧셈, 뺄셈, 곱셈, 나눗셈 네 가지 연산)에 기초합니다. 특히 대수학의 문자나 식이 추상적으로 보이지만, 식은 실생활에서 항상 다룰 수 있는 시나리오로 표현됩니다.

예를 들어, 택시를 타고 어딘가에 간다고 가정해 봅시다. 택시에는 보통 기본요금이 있습니다. 예를 들어 4(천 원)이라고 가정해 보겠습니다. 그리고 택시 기사는 이동하는 거리 1킬로미터당 2(천 원)을 청구한다고 해 봅시다. 승차가 끝날 때까지 기본요금 4천 원에 1킬로미터마다 2천 원을 추가해야 합니다. 이제 주행한 킬로미터를 x라 놓고 사용자가 부담해야 하는 금액(천 원)을 y라 놓으면 방정식 $y=2x+4$가 세워집니다. 만약 거리를 10킬로미터 이동했다면, 2만 4천($2\times10+4$)원을 지불해야 합니다.

이 시나리오에서 대수학을 사용하는 이유는 몇 킬로미터를 주행하는 데 드는 비용을 계산하기 위해 또는 택시 기사가 요금을 얼마나 청구해야 하는지 알기 위해서입니다. 식*Formula*은 이러한 상황을 일반화한 결과로, 그 상황을 예측하고 구조를 볼 수 있게 해줍니다. 만약 이 상황을 식으로 나타낼 수 없다면, 택시 기사가 요금으로 2만 4천 원을 청구할 때 마음대로 금액을 청구한 것처럼 보여 화를 낼지도 모릅니다.

대수학을 사용할 수 있는 또 다른 방법은 어떤 쿠폰을 사용할지 결정하는 것입니다. 성균서점은 특정한 달에 사용할 수 있는 20% 할인 쿠폰과 5천 원 할인 쿠폰을 고객에게 발송합니다. 더 저렴한 값으로 책을 구매하기 위해 어떤 쿠폰을 사용해야 할까요? 어떤 쿠폰이 구매 비용을 더 절약할 수 있는지 계산해본 적이 있다면 대수적으로 생각을 한 것입니다.

이 두 가지 쿠폰을 활용하기 위해, 어떤 책의 20%인 값과 5천 원 할인한 값 중에서 더 절약할 수 있는 값을 알고 싶습니다. 두 쿠폰을 이용해 지불할 값을 수학적으로 표현하면 식 $y=0.8x$와 $y=x-5$로 세울 수 있습니다. 잠시 이 식을 말로 설명해 봅시다.

그러면 두 식을 이해하는 데 도움이 되고 시나리오와 방정식이 어떻게 관련되는지 정확하게 알 수 있습니다. 첫 번째 식은 당신이 지불할 값 y(천 원)가 원래 책 가격 x(천 원)의 80%와 같다는 것을 알려줍니다. 두 번째 식은 당신이 지불할 값 y(천 원)가 원래 책 가격 x(천 원)에서 5천 원을 뺀 것과 같다는 것을 말해줍니다. 첫 번째 식의 경우, 0.8이 무엇을 의미하는지 궁금할 수 있습니다. 책 가격에서 그 가격의 20%를 뺀 값이 최종적으로 지불할 값이므로 이를 식으로 세우면 x-0.2x입니다. 하지만 100%가 책 가격이고 20%를 제외한 80%만 지불하게 되므로 책 가격의 0.8배로 단순화할 수 있습니다.

예를 들어, 1만 8천 원짜리 교재의 값을 계산해 봅시다. 그렇다면 두 쿠폰을 이용해 지불해야 하는 교재의 값 y에 대한 식은 다음과 같습니다.

$y=0.8\times18$: 지불할 값은 0.8 곱하기 18(천 원)입니다.

또는

$y=18-5$: 지불할 값은 18 빼기 5(천 원)입니다.

따라서 20% 할인 쿠폰을 사용하면 1만 4천 400원을 최종값으로 지불하면 되며, 5천 원 할인 쿠폰을 이용한다면 1만 3천 원을 최종값으로 지불하면 됩니다. 따라서 5천 원 할인 쿠폰을 이용하는 것이 1만 8천 원짜리 교재를 구입하는 데는 더 적합합니다.

성균서점 시나리오를 한 단계 더 진행할 수 있습니다. 즉, 대수학을 이용하면, 언제 20% 할인 쿠폰을 사용하는 것이 좋은지 또는 5천 원 할인 쿠폰을 사용하는 것이 좋은지 정확히 파악할 수 있습니다. 이런 상황은 복잡한 수학처럼 보이지만, 대수학은 여러분이 이미 알고 있는 규칙의 추상화일 뿐이라는 것을 기억하세요. 대수학은 배워야 할 언어이긴 하지만, 여전히 어떤 구체적인 상황을 표현하고 있습니다. 즉, 20% 할인 쿠폰을 사용하여 지불하는 값과 5천 원 할인 쿠폰을 사용하여 지불하는 값이 같은 책 가격을 찾기 위해 두 방정식 $0.8x$와 $x-5$가 같다고 설정할 수 있습니다. 그런 다음 결정해야 하는 책 가격인 미지수 x를 풉니다.

$$0.8x = x - 5$$

먼저 이 식을 읽어보면 '어떤 값 x의 80%는 그 값 x에서 5를 뺀 것과 같다'입니다. 그런 다음 등식의 성질을 이용하여 x를 구합니다.

$$\begin{aligned} & 0.8x = x - 5 \\ \Leftrightarrow\ & x - 0.8x = 5 \\ \Leftrightarrow\ & 0.2x = 5 \\ \Leftrightarrow\ & x = 25 \end{aligned}$$

또는 x에 적당한 수를 대입하여 등식이 성립하는지 확인하면서 x를 찾는 **시행착오 방법**Trial and error을 이용할 수도 있습니다. 따라서 2만 5천 원은 20% 할인 쿠폰을 사용하면 $0.8 \times 25 = 20$ 즉 2만 원이고, 5천 원 할인 쿠폰을 이용해도 $25 - 5 = 20$ 즉 2만 원으로 지불해야 하는 금액이 동일합니다. 따라서 책 가격이 2만 5천 원보다 높으면 20% 할인

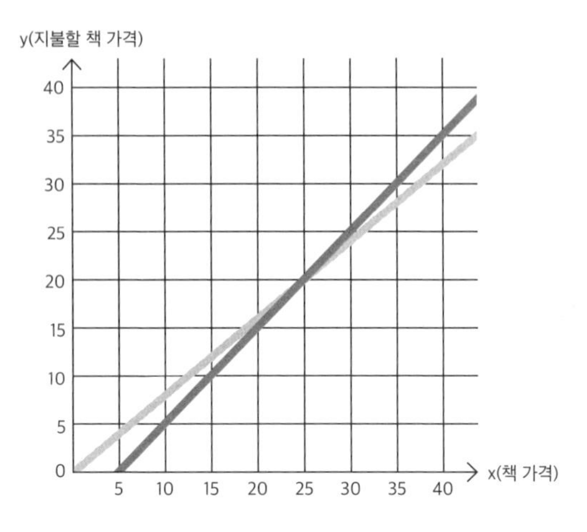

쿠폰을 사용하고, 2만 5천 원보다 낮으면 5천 원 할인 쿠폰을 사용하면 됩니다.

위의 그림은 두 식 $y=0.8\times x$와 $y=x-5$를 그래프로 나타낸 것입니다. 옅은 선은 20% 할인 쿠폰에 대한 식의 그래프이고, 짙은 선은 5천 원 할인 쿠폰에 대한 식의 그래프입니다. x축은 원래 책 가격을 나타내고, y축은 쿠폰 적용 후 고객이 지불할 책 값을 나타냅니다.

축하합니다! 여러분은 방금 연립일차방정식을 공부했습니다! 더 중요한 것은, 수학 언어인 대수학이 실생활 상황을 이해하는 데 어떻게 도움이 되는지 배웠다는 것입니다. 이처럼 수학 언어를 이해하면 자기 주변의 세계에 대한 통찰력을 얻을 수 있습니다.

수학은 정보를 제공하기 위해 기호뿐 아니라 그래프와 같은 이미지를 함께 사용하는 시각적 언어입니다. 뉴스 기사에서 **인포그래픽***Infographics*을 본 적이 있을 겁니다. 인포그래픽에 표시된 이미지들을 무심코 지나치지 말고, 어떤 정보를 전달하려고 하는지 스스로 물어보세요. 예를 들어 아래의 인포그래픽을 봅시다.

이 인포그래픽이 무엇을 말하려고 하는지 확

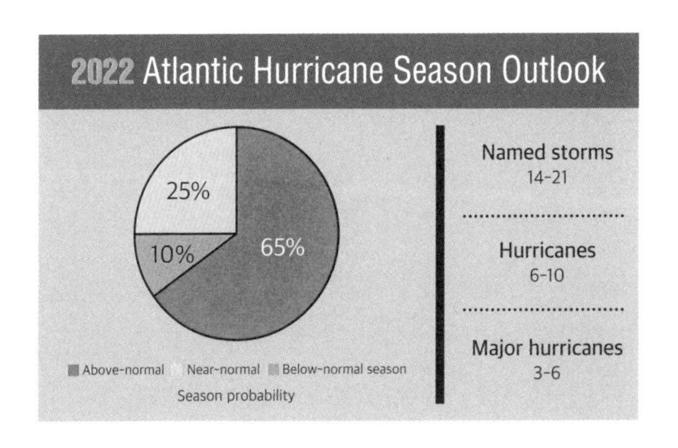

인하기 위해 잠시 살펴봅시다. '2022년 대서양 허리케인 계절 전망*2022 Atlantic Hurricane Season Outlook*'이라는 제목과 문구 등은 중요한 정보를 담고 있습니다. 왼쪽 '계절 확률*Season probability*' 표시에서 원그래프가 계절 확률을 나타내고 있음을 알 수 있습니다. 앞서 확률에 대해 확인해 보았으니, 원그래프가 의미하는 바가 무엇인지 이해할 수 있을 겁니다. 확률은 항상 0과 1 사이의 값 또는 0%와 100% 사이의 수로 표시됩니다. 원그래프의 가장 진한 부분은 전체의 65%를 나타내며, 그 아래 ■ Above-normal는 부분이 '정상 이상*Above-normal*'의 확률이라는 것을 알려줍니다. 즉, 2022년 시즌에는 평소보다 허리케인이 더 많이 발생할 가능성이 다소 높고(65% 확률), 허리케인의 발생 빈도가 '보통 이하*Below-normal*'일 확률은 10%로 희박합니다.

이처럼 인포그래픽은 수학 언어를 이용해 중요한 정보를 전달합니다. 허리케인이 자주 발생하는 지역에 여러분이 살고 있다면 허리케인이 언제 발생할지 예측하는 데 도움이 됩니다. 또한 기후가 변하면서 어떤 영향을 미치는지 이해하려 노력하는 데에도 인포그래픽 정보가 도움을 줍니다.

만약 여러분이 학교에서 수나 그래프를 배울 때 어렵다고 느끼거나 변수와 방정식에 겁을 먹고 있다면, 수학은 우리 세계를 대표하는 언어라는 것을 스스로 기억해야 합니다. 수학은 모호하지 않고, 학생들을 혼란스럽게 하기 위해 만들어진 것이 아닙니다. 오히려 주변 세상을 더 잘 이해하도록 도울 수 있는 정보를 전달하는 방법입니다.

마지막으로, 수학적 아이디어를 설명하고 수학 언어로 발표하는 것은 자신의 이해를 향상 시키기 때문에 중요합니다. 전형적인 수학 교실을 떠올릴 때, 수학을 설명하거나 언어로 발표한다는 것이 다소 생소할 수 있겠네요. 전통적인 교실에서, 학생들은 답을 안다고 생각할 때 당당하게 손을 듭니다. 그러면 선생님은 발표할 학생을 지목하고 그들의 답이 맞는지 확인합니다. 연구에 따르면, 흔히 I-R-E(Initiate-Response-Evaluate)[23]라고 불리는 이러한 유형의 교수법은 토론 기반의 교수법과 비교해 효과적이지 않습니다.

2015년에 출판된 『과학 교사를 위한 담화 입

문서*A Discourse Primer for Science Teachers*』에서 저자들은 교실에서 대화가 정말로 중요한 다섯 가지 이유를 설명했습니다. 첫 번째 이유이면서 가장 강력한 이유로, 대화가 사고의 한 형태임을 주장합니다. 언어학자들과 심리학자들은 '인간은 생각한 것을 말로 표현하기 전에 생각을 완전하게 형성하지 않는다'는 것을 증명했습니다. 즉 인간은 말을 하면서 자신이 말한 대부분을 이해합니다. 자신이 말하고 싶은 것을 안다고 생각하지만, 말을 하면서 자신의 생각을 확인하고 바꾸고 굳히는 겁니다. 또한 저자들은 학생들이 서로 대화를 하는 중에, 한 학생의 아이디어가 다른 학생들을 위한 자원 역할을 한다고 강조합니다.

전형적인 토론에 대해 생각해 봅시다. 좋은 토론은 각자가 자신의 아이디어를 독백하는 것이 아닙니다. 그보다는 다양한 사람들이 모여 아이디어를 공유하고, 서로를 의지하며, 새로운 또는 공유된 이해에 도달하는 것입니다. 좋은 수학 토론에서, 학생들은 부분적으로 형성된 아이디어를 공유하고, 피드백을 받고, 자신의 원래 생각을 수정하며, 최종적으로 서로 토론하고 있는 주제에 대한 더 강한 이해에 도달할 수 있습니다.

수학자들은 실험하는 것을 두려워하지 않을 뿐 아니라, 아이디어가 형식적으로 갖추어지기 전에 그 아이디어를 확인하는 것 또한 두려워하지 않습니다. 수학자들은 토론을 통해 더 깊은 이해가 이어진다는 것을 알고 있습니다. 여러분이 어떤 것에 대한 의견을 갖고 있다면, 두려워하지 말고 용기를 내어 그 의견을 공유하세요. 목소리를 내어 말하고 피드백을 받는 과정은 자신의 주장을 더 강하게 만들 것입니다.

5장

분해하고 다시 결합하기

x = -10
x = -8
P=2(a+b)
V=abc
1+1=2
666'6666

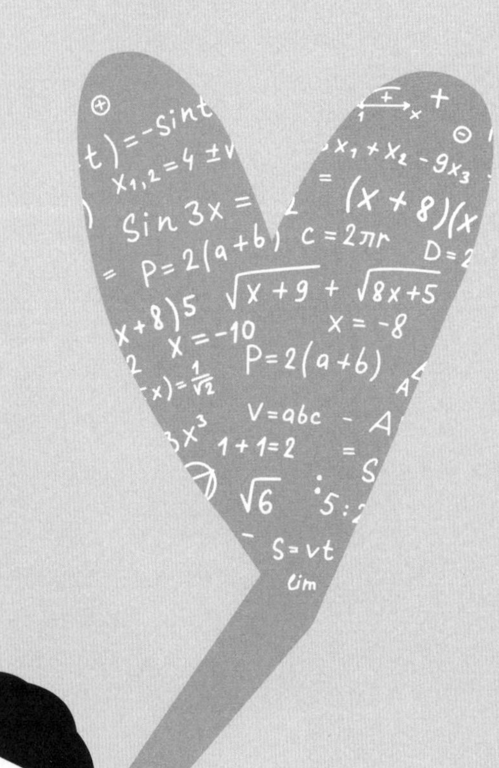
Sin 3x =
c = 2πr
√x + 9 + √8x+5
x = -10
x = -8
P=2(a+6)
V=abc
1+1=2
√6
S=vt
lim

여러분은 어렸을 때 어떤 물건의 작동 원리가 궁금해 그 물건을 분해해 본 적이 있을 것입니다. 볼펜이나 샤프처럼 간단한 물건을 분해하는 것은 호기심 많은 어린아이나 지루한 중학생의 마음을 사로잡을 수 있습니다. 이런 경험이 있었다면 틴커링*Tinkering*의 가치를 알 겁니다. 발견은 보통 갑작스럽게 오는 것이 아니라 탐험의 결과로 가능해집니다. 수학자들도 틴커링 없이 무언가를 발견할 수 없습니다. 이때 **틴커링***Tinkering*[24]이란 작은 부분으로 분해하고 다시 결합하기를 뜻합니다.

지난 한 세기 동안 교육학자들과 심리학자들은 사람들이 새로운 것을 실험하고 시도함으로써 배우게 된다고 강조했습니다. 우리는 지식을 자신의 뇌에 쏟아붓기보다 스스로 구성하면서 배웁니다. 구성주의 이론에 기여한 대표 학자인 피아제*J. Piaget*(1896 – 1980), 듀이*J. Dewey*(1859-1952), 몬테소리*M.T.A Montessori*(1870-1952)는 아이들이 새로운 것을 경험하고 자신의 기존 스키마*schema*에 이런 경험을 결합하면서 그리고 이해를 구축하면서 지식을 구성한다고 주장합니다.

구성주의 또는 경험적 교육이란 '지식을 창출하기 위해 현상을 수정하고, 분해하고, 조사한 다음 다시 결합하는 것'을 의미하는데, 수학자들은 이 의견을 오랫동안 알고 있었습니다. 특히 틴커링은 학교에서 인기가 높은데, 교육자들은 암기보다 틴커링이 학생들의 이해를 돕는다고 강조합니다. 현재 많은 학교에서 틴커링과 실험하기에 기반한 메이커 공간*Maker space* 또는 STEM스템(과학*Science*, 기술*Technology*, 공학*Engineering*, 수학*Mathematics*을 통틀어 이르는 말) / STEAM스팀(STEM+예술*Arts*, 과학과 예술 분야 지식을 융합적으로 다루는 교육)수업이 진행되고 있습니다.

수학 시간에 틴커링, 즉 작은 부분으로 분해하고 다시 결합하기가 가능한지 구체적인 예를 살펴봅시다. 초등학교 선생님들은 어린 아이들이 수 감각(숫자 감각)과 자릿값을 이해하도록 돕기 위해 〈수 가르기〉 또는 〈수 모으기〉 내용을 지도합니다.

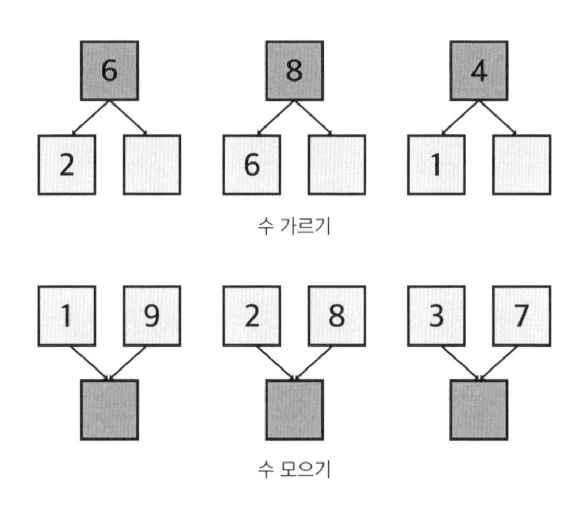

수 가르기

수 모으기

예를 들어, 13 더하기 8에서, 초등학교 1학년 학생은 13을 10과 3으로 분해하는 방법을 배웁니다. 동시에 13에 8을 쉽게 더하기 위해 8을 어떻게 분해하면 좋을지 생각하며 작은 수로 가르고 다시 모아봅니다. 6과 2? 5와 3? 그러다 7과 1이 더하기 좋다는 것을 깨닫게 됩니다. 13의 10과 3 중에서 3이 7과 결합하면 새로운 10이 되니까요. 따라서 13

더하기 8은 하나의 10, 다른 하나의 10(3 더하기 7), 하나의 1로 이해될 수 있습니다. 다시 말해, 그 결과는 21입니다.

$$13+8=(10+3)+(7+1)=10+(3+7)+1=10+10+1=21$$

혹시 이 계산이 두 개의 작은 숫자를 더하는 터무니없이 복잡한 방법이라고 생각하나요? 아무도 위의 계산법이 덧셈을 하는 데 가장 효과적인 방법이라고 주장하지는 않습니다. 그보다는 숙련을 향한 한 걸음으로 볼 수 있습니다. 교육학자들은 이해없는 암기가 비효율적임을 압니다. 덧셈에서 〈수 가르기〉 과정을 이용해 계산할 수 있다는 것은 수를 능숙하게 다룰 수 있다는 것을 의미합니다. 덧셈을 하기 위해 수를 가르고 갈라진 값을 확인해서 다시 모으기를 하는 방법을 전략적으로 생각할 수 있는 학생은 한층 더 정교한 수학을 할 수 있는 가능성이 훨씬 높습니다. 더 강한 수 감각과 자릿값에 대해 이해하고 있기 때문입니다.

수학에서 많은 개념들은 작은 개념들로 분해

되어 이해할 수 있습니다. 고등학교 1학년 수학에서 여러분을 불편하게 했을지도 모르는 개념 중 하나인 '거리 공식'을 살펴봅시다. 고등학교 1학년 수학을 공부하는 많은 학생들은 자신들이 공부하는 내용을 거의 이해하지 못한 채, 시험에서 좋은 점수를 얻는 데 필요한 내용만 암기합니다. 거리 공식도 그런 내용 중에 하나로, 선생님들이 이 공식을 외우라고 하면, 학생들은 상당히 주저하면서 불편해 합니다. 거리 공식은 다음과 같습니다. 이 공식으로 좌표 평면에서 두 점 (x_1, y_1), (x_2, y_2) 사이의 거리를 구할 수 있습니다.

$$d=\sqrt{(x_1-x_2)^2+\ (y_1-y_2)^2}$$

예를 들어, 거리 공식을 이용해서 다음 그래프의 두 점 p와 q 사이의 거리를 구하도록 질문할 수 있습니다.

이 문제를 보는 순간 갑자기 자신의 눈이 흐리멍덩해진다 해도, 당황하지 마세요! 수학자들이 이미 공식을 정리했고, 여러분들은 그 공식에 따라

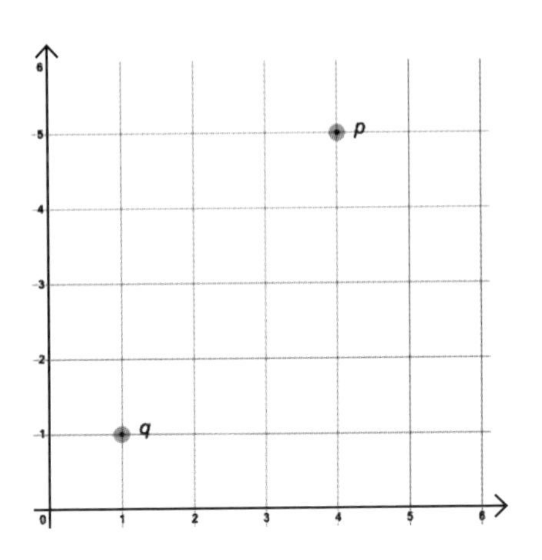

신뢰할 만한 결과를 얻을 수 있을테니까요(자세한 내용은 6장 참고). 선생님들은 (특히 시험에서)학생들이 답을 얻는 데 도움이 되기를 희망하면서 여러 가지 공식들을 가르칩니다. 하지만 어떤 공식이든 그 뒤에 감춰진 내용을 이해하는 것이 무엇보다 중요한데, 이 내용은 다소 단순한 개념입니다.

거리 공식을 분해하기 위해, 여러분이 중학교 때 배웠던 피타고라스 정리를 기억해 봅시다. 피타고라스 정리는 직각 삼각형에서 알려지지 않은 변의 길이를 찾는 방법입니다. 피타고라스 정리를 이끌어내기 위해 직각 삼각형의 각 변을 한 변으로

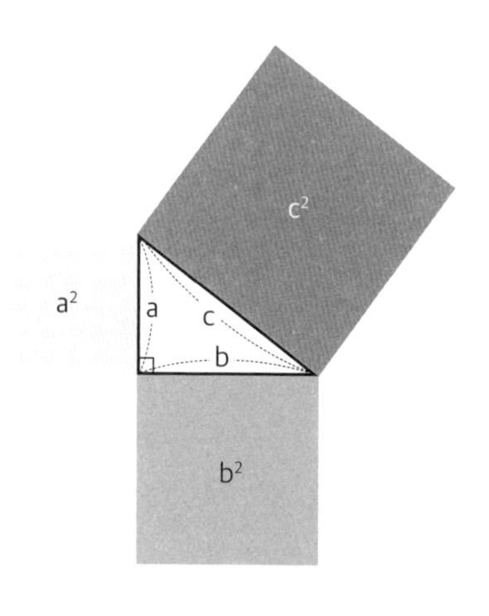

하는 정사각형을 세워 3개의 정사각형 넓이를 비교해 볼 수 있습니다. 그러나 이미 배웠다고 가정하고 피타고라스 정리가 성립하는 이유를 논리적으로 증명하는 것은 생략하겠습니다.

우선 다음 그림과 같은 직각 삼각형이 있습니다. 각 변에 a, b, c라고 문자를 붙입니다. 보통은 가장 긴 변인 빗변을 문자 c로 나타내고 나머지 두 변, 즉 밑변과 높이를 각각 a, b라고 합니다.

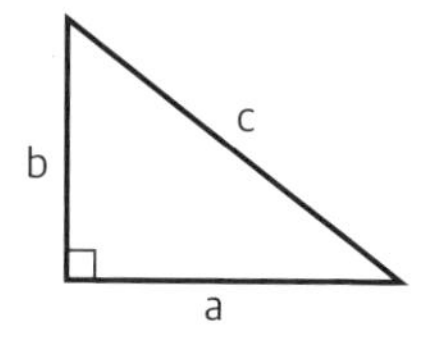

피타고라스 정리는 "직각 삼각형에서 직각을

낀 두 변의 제곱의 합이 빗변의 제곱과 같다"입니다. 그 공식은 다음과 같습니다.

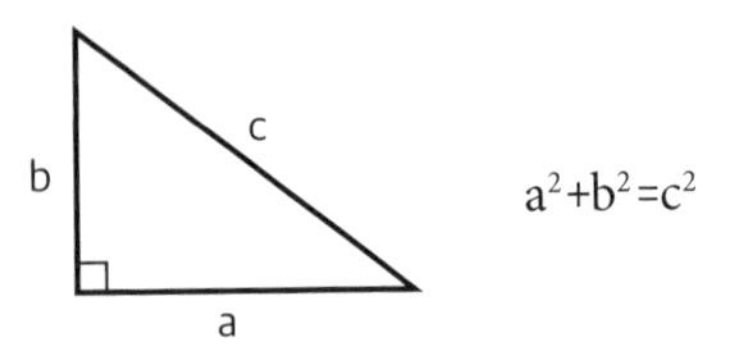

$$a^2+b^2=c^2$$

이 공식을 사용해서 직각 삼각형에서 직각을 낀 두 변의 길이를 알면 빗변의 길이를 구할 수 있습니다. 또는 세 변 중에서 두 변의 길이를 알면 나머지 한 변의 길이를 구할 수 있습니다.

이제 앞서 제시한 그래프로 돌아가 보겠습니다. 점 p와 q를 연결하는 선을 그립니다. 그러면 이 선을 빗변으로 하는 직각 삼각형을 그릴 수 있습니다.

만약 우리가 피타고라스 정리를 알고 있다면, 두 점 p와 q 사이의 거리를 알 수 있습니다. 즉, 그래프에서 직각 삼각형의 밑변과 높이의 길이를 찾은 다음 피타고라스 정리를 이용하여 빗변의 길이를 계산할 수 있습니다. 밑변과 높이의 길이를 찾으려면 그래프에서 칸을 세어보거나 두 x값의 차

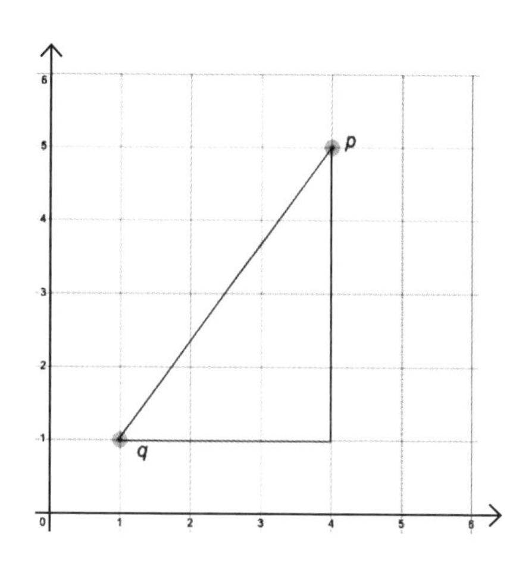

와 y값의 차를 구하면 됩니다. 이 예시에서 직각 삼각형의 밑변의 길이는 3(=4-1)이고 높이의 길이는 4(=5-1)입니다. 이제 밑변의 길이 3과 높이의 길이 4를 피타고라스 정리에 대입하면 다음과 같은 방정식이 얻어집니다.

$$3^2+4^2=(\text{빗변})^2$$

빗변의 길이를 찾기 위해서는 방정식 양쪽에 제곱근을 취해야 하므로 다음과 같은 결과를 얻습니다.

$\sqrt{3^2+4^2}$ = 빗변

이제, 거리 공식을 보세요. 확실해 보이죠! 우리는 두 점 p와 q 사이의 거리가 5임을 계산하기 위해 피타고라스 정리를 사용했습니다. 두 점 p(1, 1)와 q(4, 5)를 p(x_1, y_1)와 q(x_2, y_2)라 놓고 거리 공식에 대입해도,

$$\sqrt{(4-1)^2+(5-1)^2}$$
$$=\sqrt{3^2+4^2}$$
$$=\sqrt{9+16}=\sqrt{25}=5$$

즉, 5를 얻을 수 있습니다. 이처럼 직각 삼각형을 그리고 변의 길이에 대해 알고 있는 지식을 사용함으로써 복잡한 대수 공식처럼 보이는 내용도 충분히 이해할 수 있습니다.

지금까지 우리는 어떤 공식을 조금 더 잘 알고 있는 부분으로 분해한 후 재구성하여 이해할 수 있도록 만들어 보았습니다. 틴커링이 무엇을 의미하는지 생각해 볼 수 있는 한 가지 방법을 경험해 본

겁니다. 이처럼 수학자들은 수와 공식을 다양하게 다루면서, 무언가를 시도해 보면서, 부분으로 분해하면서 그리고 다시 결합하면서 틴커링을 하며, 더 이해하기 쉽기를 바랍니다.

틴커링의 또 다른 방법은 실험을 하는 겁니다. 즉, 아이디어를 더 작은 구성 요소들로 나누고 난 뒤 다시 무언가를 시도합니다.

- 이 공식이 효과가 있을까?
- 이 규칙을 시도하면 어떻게 될까?
- 방정식 양변에 3을 더해도 같은 결과를 얻을 수 있을까?

수학자들은 이와 같이 질문하면서 아이디어를 틴커링하고 실험합니다.

어른이 되면, 비수학자인 우리는 수를 틴커링하는 걸 더욱 주저합니다. 특히 수학 시간에 무엇을 배우든지 모두 정답이어야 한다고 들어왔기에 다른 사람들 앞에서 계산을 틀리게 하거나 틀린 계산 결과를 말하는 것 등을 두려워 합니다. 하지만,

비단 수학 문제뿐만이 아니라 이런 방식으로 우리의 삶에 접근한다면, 무언가를 배우거나 발전할 것이라고 기대하기 어렵습니다. 모든 실패는 우리에게 무언가를 가르쳐 줍니다. 만약 자신이 알고 있는 것만을 고수하고 새로운 것을 배우기 두려워 한다면, 절대로 무언가를 배우거나 성취할 수 없을 겁니다.

이것저것 틴커링을 할 수 있는 사람이 되려면, 스스로에게 "**만약에 ~라면***What if*?"이라고 질문하십시오. 절대로 두려워하지 마시구요! 혹시 "만약에 ~라면"에 대해 궁금하다면, "만약에 ~라면"이라는 질문과 온갖 엉뚱한 답들이 담겨 있는 웹사이트와 다양한 책들이 많습니다. 정말 재미있는 읽을거리가 풍부하니 참고하세요. 여러분이 할 수 있을 때마다, 아이디어(또는 물건)를 가장 작은 부분으로 분해하고, 각 부분을 검토하고 질문하도록 노력하세요. 아이디어를 다시 모으는 여러 가지 방법을 시도해 보세요. 작은 부분 하나를 바꿔 전체에 어떤 영향을 미치는지 경험해 보세요. 숫자 8이 다양한 방식으로 분해된 후 재구성되는 것을 떠올려 보세요.

팅커링은 큰 과제를 처리해야 하거나 아주 어려운 문제를 해결하는 경우에 특히 중요합니다. 먼저 시작을 위해 나눌 수 있는 작은 단계에 대해 생각해 봅니다. 그런 다음 실험을 합니다.

- 무엇을 바꿀 수 있을까?
- 해답을 얻는 데 도움이 될 수 있는 방법은 무엇일까?
- 결합할 수 있는 새로운 아이디어는 무엇일까?

절대 시도했다가 실패하는 것을 두려워하지 마세요. 만약 여러분이 처리해야 할 프로젝트를 더 작은 부분으로 분해했다면, 작은 부분에서 실패했을 뿐이고, 그 실패는 학습으로 이어지게 됩니다. 그저 접근 방식을 조정하고 다시 시도하면 됩니다.

6장

알고리즘을 이해하고 사용하기

X=-10
x = -8
P=2(a+6)
V=abc
1+1=2
666'6666

Sin 3x =
c=2πr
P=2(a+b)
√x+9 + √8x+5
x = -10
x = -8
V=abc
1+1=2
√6
S=vt
lim

혹시 여러분이 분수의 나눗셈을 계산해야 할 때, 선생님이 "왜 그런지 묻지 말고 뒤집고 곱하세요" 또는 "나누는 수는 계속 뒤집으면 됩니다"라고 말했던 것을 기억하나요?

$$\frac{8}{15} \div \frac{16}{5} = \frac{8}{15} \times \frac{5}{16} = \frac{1}{3} \times \frac{1}{2} = \frac{1 \times 1}{3 \times 2} = \frac{1}{6}$$

곱셈으로 바뀌면서 분자와 분모가 뒤바뀜

선생님이 강조한 설명은 분수를 나누는 방법[25]을 기억하는 요령입니다. 이 요령이 본질적으로 나쁜 것은 아니지만, 왜 그렇게 해야 하는지까지는 알려주지 않습니다. 이런 방법은 선생님들이 자주 강조하는 암기 요령으로, 학생들이 이 요령에 따라 미래의 과제와 시험에서 성공하는 걸 돕는다고 믿습니다.

문제점은 이런 요령들 때문에 학생들이 수학을 배우고 기억하는 데 필요한 이해력이 흐려진다는 겁니다. 최근 몇 년 동안 수학 교육계에서 요령이나 인위적인 규칙에 반대하는 몇 가지 유명한 기사와 책이 나왔습니다.

요령이나 인위적인 규칙을 암기하는 것이 학습을 모호하게 방해할 수 있겠지만, 스스로 자신만의 **알고리즘**을 만들면 자신에게 더 효율적일 수 있습니다. 그리고 이러한 방식으로 알고리즘을 활용하는 것이 가장 중요합니다.

만약 여러분이 학령기 아동이 있는 학부모라면, 자녀의 수학 숙제에 당황한 적이 있을지 모릅니다. 학부모들은 지금의 수학 지도법, 즉 수를 분해하고 원리를 이해해야 하며 여러 가지 방법으로 문제를 해결하는 방식을 강조하는 것에 불평을 자주 드러냅니다. 2010년에 발표된 CCSSM은 많은 논쟁의 대상이 되었습니다. 부모들과 일부 교육자들은 알고리즘을 암기하고 따르는 것에 중점을 두고 수학을 가르치는 전통적인 방법으로 돌아갈 필요가 있다고 주장했습니다.

> 알고리즘을 이용하는 것은 저희들에게 효과적이었어요. 그런데 왜 바뀌죠?

문제는 그들이 주장하는 것만큼 알고리즘을 이용하는 것이 그렇게 효과적이지는 않았다는 것입니다. 미국의 교육 시스템은 오랫동안 인종적, 경제적 불평등을 초래한 것으로 알려져 왔습니다. 또한 학업 성취도를 평가하는 국제 시험에서 다른 나라들에 뒤처져 있습니다. 만약 여러분이 여전히 납득이 가지 않는다면, 거리에 있는 일반 미국인에게 두 분수를 나누어 달라고 요청해 보세요. 아마도 몇 년 전에 외운 분수의 나눗셈 알고리즘을 암송하면서 잘못 적용하여 틀린 답을 낼 겁니다. 그래봤자 분수의 나눗셈 문제는 초등학교 6학년에 포함되는 내용입니다[26]. 자연수, 기약 분수, 대분수 등 여러 수가 혼합된 나눗셈 문제를 풀어야 한다면, 엄청 당황한 모습을 보일 겁니다.

CCSSM은 수학 교육에 공정성을 부여하고 미국 학생들에게 아직 알려지지 않은 미래를 준비시키려고 시도합니다. 또한 CCSSM은 사람들이 어떻게 배우는지에 대한 수년간의 연구에 기초하고 있습니다. 그리고 부분적으로, 이 책이 여러분에게 가르치려고 노력하는 것과 같은 마음의 습관, 즉 수학자들이 가지고 있는 마음의 습관에 기초하고 있습니다.

그렇다면 CCSSM에서 이야기하는 알고리즘의 역할, 더 넓게는 수학자의 삶에서 알고리즘의 역할은 무엇일까요? 우선 **알고리즘**을 정의하는 것부터 시작해 봅시다. 알고리즘은 특정 결과를 얻기 위한 절차이며, 항상 결과가 얻어지는 일련의 단계입니다. 수학 시간에 표준 알고리즘을 배우게 되는데, 여러분이나 부모님 그리고 조부모님들도 수학 시간에 이 표준 알고리즘을 어떻게 적용하는지 배웠을 겁니다. 예를 들어, 여러 자리수에 대한 곱셈의 경우 ($36 \times 77 = ?$)에 전통적인 알고리즘은 다음과 같습니다.

하지만 우리가 배웠던 전통적인 알고리즘이라는 것과 진정한 알고리즘은 전혀 다릅니다. 알고리

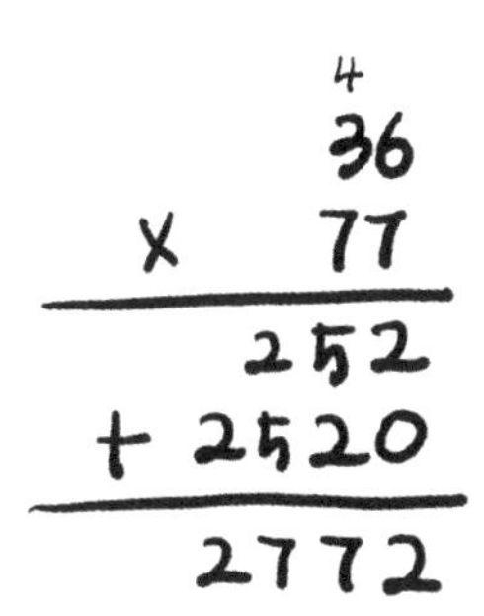

즘은 안정적으로 계산하는 단계의 집합을 의미합니다. 초등학교 4학년생이 여러 자리수에 대한 곱셈을 안정적으로 계산할 수 있는 어떤 방법을 안다면 그것도 알고리즘입니다. 혹시 자녀의 수학 숙제를 도와줄 때, 이전에 몰랐던 알고리즘을 터득하게 될 수도 있습니다.

알고리즘의 가장 중요한 측면은 알고리즘을 사용하는 사람이 이 알고리즘을 이해하고 문제 해결에 적용할 수 있는지입니다. 다시 말해, 알고리즘을 사용하는 것은 문제를 훨씬 효과적으로 해결하기 위한 전략입니다. 예를 들어, 매번 문제를 해결할 때마다 새로운 풀이법을 찾으려고 노력하는 것보다,

"아, 저는 이 문제를 어떻게 풀이하는지 알아요. 이 단계(알고리즘)에 맞추어 풀면 답이 나와요."

라며 반응할 수 있습니다.

알고리즘은 어느 날 갑자기 나타난 게 아닙니다. 곱셈의 표준 알고리즘이 존재하게 된 이유도, 역사의 어느 시점에 수학자들이 대부분의 사람들이 곱셈을 계산할 수 있는 가장 효율적인 방법을 결정했기 때문입니다. 효율성은 단계를 이해하고 따를 수 있는 능력을 바탕으로 합니다. 암기를 하는 것도 내가 지금 무엇을 하고 있고 왜 하는지를 먼저 이해하면 쉬워집니다.

수학자처럼 생각하고 싶다면, 알고리즘에 따라 무조건 문제를 풀이하는 것은 옳지 않습니다. 그보다 알고리즘을 이해하고 발명해야 합니다. 그렇다고 완전히 새로운 곱셈법을 발명해야 한다는 뜻은 아닙니다. 자신이 어떻게 계산하는지 그리고 왜 그렇게 계산하는지에 대해 생각한 뒤, 다음번에도 동일한 계산을 더 효율적으로 할 수 있도록 단계를 공식화하는 시간을 가져야 한다는 의미입니다.

알고리즘은 여러분이 학교에서 배운 수학보다 훨씬 더 많은 것에 적용됩니다. 컴퓨터 프로그래밍과 과학, 요리(조리법), 광고, 심지어 온라인 데이트에까지 기초적인 역할을 합니다. 온라인 데이팅앱 매치업*Online matchup*은 마법이 아닙니다. 컴퓨터 프로그램은 데이터를 사용하여 당신이 갖고 있는 특성과 잠재적으로 짝이 될 상대의 특성을 일치시킵니다.

샌드위치를 만들 때도 알고리즘을 사용할 수 있습니다. 여러분은 샌드위치를 만드는 자신만의 순서가 있을 겁니다. 왜냐하면 이 순서가 자신에게 효율적이고 자신이 원하는 샌드위치를 얻을 수 있

음을 알기 때문입니다. 피넛버터 잼 샌드위치를 만들 때, 빵 전체에 피넛버터를 발라주나요, 아니면 먼저 반으로 자른 다음에 반씩 발라주나요? 방금 피넛버터를 바르는 데 사용한 스푼으로 잼을 바르나요, 아니면 새로운 스푼으로 바르나요? 어떤 방법을 사용하든 매번 동일한 절차에 따라 샌드위치를 만들 겁니다. 여러분은 최고의 피넛버터 잼 샌드위치를 만들기 위해 자신만의 특별한 알고리즘을 따르고 있습니다.

그렇다면 알고리즘은 어떻게 발명되는 걸까요? 알고리즘을 발명하는 것은 우리가 이미 이야기했던 또 다른 마음의 습관을 사용해야 합니다. 먼저 무슨 일이 일어나고 있는지 천천히 관찰해야 합니다. 문제 해결 과정을 이해하기 쉽도록 더 작은 부분으로 나누어 검토합니다. 그런 다음 자신이 이해할 수 있는 순서로 다시 정리하고 다른 날에도 이 순서를 반복합니다. 각 단계를 이해하고 이 단계들을 다시 수행하여 자신이 발명한 과정을 보다 효율적으로 만들 수 있다면, 드디어 알고리즘 하나를 만든 겁니다.

수학자들은 모두 효율적입니다. 수학자들은 '게으름뱅이'라고도 하는데, 항상 지름길을 찾고 있다는 의미입니다. 수학자들은 현상을 관찰하고, 패턴을 찾고, 더 효율적인 방법을 찾습니다. 즉, 알고리즘적으로 생각합니다.

일상생활에서 알고리즘을 사용하는 모습 중의 하나로, 여러분은 '**만약 ~그렇다면***If-then*'으로 행동 변화를 계획할 수 있습니다. 이때 자신이 전혀 알고리즘을 사용하지 않는다고 생각할 수도 있겠죠. 심리학자들은 이것을 '만약 ~그렇다면 계획'이라고 부릅니다. 예를 들어, 우리는 외식에 돈을 덜 쓰고 싶다고 생각할 수 있습니다. '만약 ~그렇다면' 패턴에 따르면 "**만약** 내가 일주일에 5일간 저녁 식사를 집에서 한다. **그렇다면**, 외식에 돈을 덜 쓸 것이다"가 됩니다.

'만약 ~그렇다면' 사고는 강력한 심리적 도구입니다. 이 사고에는 자신이 만들고자 하는 변화에 대한 생각과 그 변화를 실현하기 위한 단계를 따르겠다는 약속이 포함됩니다. 이때, 각 단계는 단순하거나 이미 알려져 있기 때문에 '만약 ~그렇다면'

사고가 정확하게 작동 가능합니다. 따라서, '만약 ~그렇다면' 사고는 원하는 결과를 얻기 위해 따를 수 있는 공식인 알고리즘입니다.

수학적 알고리즘이 문제 해결을 더 효율적으로 만드는 것처럼, '만약 ~그렇다면' 사고도 행동 변화에서 스트레스를 제거합니다. 자신이 원하는 결과를 얻기 위해 알고리즘을 따르고 있다고 스스로 확신하면 결과를 달성하는 방법에 대한 스트레스가 사라집니다.

'만약 ~그렇다면' 사고의 다른 예를 살펴보겠습니다. 의사가 여러분에게 "지금부터 매일 더 움직여야 합니다"라고 말했다고 상상해 봅시다. 그리고 자신의 사무실은 건물 3층에 위치한다고 해 보세요. 여러분의 계획, 즉 여러분이 따를 알고리즘은 사무실에 갈 때마다 계단을 이용하는 것일 수 있습니다. 자신이 직장인이며 계단을 이용할 수 있다면, 자신이 바라는 결과인 '더 많이 움직이기'를 달성할 수 있게 되겠죠. 이 계획을 실천할지 아닐지는 자신에게 달려 있지만, 이렇게 계획을 세움으로써 의사가 조언한 바를 어떻게 실천하면 좋을지 고민하는 스트레스를 줄일 수 있습니다.

일상생활에서 자신의 삶에 도움이 되는 알고리즘 사고의 또 다른 예를 소개하려 하는데요. '**습관 쌓기***Habit stacking*'라고 부르는 것입니다. 습관 쌓기는 새로운 행동이 습관이 될 수 있도록 기존 습관에 원하는 새로운 행동을 붙이는 전략입니다. 《에스콰이어 매거진》에 소개되어 있듯이, 습관 쌓기는 자신을 괴롭히는 반드시 해야 할 일들을 무의식적인 행동으로 바꾸어 줍니다[27].

메일함에 도착하는 수많은 메일 분류하기는 귀찮은 일로 스트레스가 됩니다. 보통 하루에 수십 통의 메일을 받을 수 있는데, 필요없는 광고 메일

이 대부분일 겁니다. 사실 메일을 분류하는 데 1분도 걸리지 않습니다. 그런데도 메일함의 용량이 가득 찰 때까지 정리하는 걸 미룹니다.

더 이상 방치할 수 없을 때까지 무시하는 대신, 컴퓨터를 켤 때마다 메일을 분류하는 것도 좋습니다. 즉, 매일 해야 하는 다른 일들과 함께 메일을 분류하는 겁니다. 메일 분류하기를 위해 습관 쌓기 서약을 해보세요.

> 나는 컴퓨터를 켜고 로그인 한 뒤 다른 일을 하기 전에 메일을 분류할 것이다.

결국, 메일을 분류하는 것은 이미 습관이 된 다른 일상 습관과 '쌓기'를 했기 때문에 일상적인 습관이 될 것입니다.

습관 쌓기는 알고리즘적 사고의 한 형태입니다. 자신이 원하는 결과가 있고 원하는 결과를 얻기 위해 항상 효과적인 일련의 단계인 공식을 생각해 냅니다. 이 단계를 따르게 되면, 자신이 그 일을 어떻게, 그리고 언제 할 것인지 계산하는 데 더 이상 정신적인 에너지를 쓸 필요가 없습니다. 더불어 자신의 목표를 달성하는 것에 대해서도 스트레스가 없어집니다. 또한 일련의 단계에 따라 행동하면 반드시 자신의 목표를 달성할 수 있게 됩니다. 이것이 바로 알고리즘의 핵심입니다. 그 결과 자신이 세운 목표에 안정적으로 도달할 수 있고 다른 무언가에 신경쓸 정신적 에너지를 낭비하지 않게 됩니다.

7장

내면에 있는 것을 구체화하기

X = -10
x = -8
P=2(a+b)
V=abc
1+1=2
666'6666

sin 3x =
c = 2πr
√x + 9 + √8x+5
x = -10
x = -8
P=2(a+6)
V=abc
1+1=2
√6
S=vt
lim

만약 여러분이 시합을 앞둔 체조 선수, 연주회를 준비하는 피아니스트 또는 완성도가 높은 공연을 준비하는 누군가와 함께 지낸 적이 있다면, 그들이 자신의 시합이나 공연을 시각화하는 것을 보았을 겁니다. 예를 들어, 공연의 모든 단계를 상상하거나, 자신이 완벽하게 공연하는 모습을 구체적인 그림으로 그려보는 것 등입니다. 그런데 체조 선수들은 왜 뜀뛰기나 균형잡기와 같은 연습을 하기보다 머릿속으로 자신의 시합 모습을 그려보는 (멘탈)연습을 하는 걸까요? 혹시 궁금하신가요? 그 답은 이들이 "**시각화는 강력한 도구이다***Visualizing is a powerful tool*"를 알고 있기 때문입니다. 그런데 수학자들도 시각화가 강력한 도구임을 잘 알고 있습니다.

수학자들은 시각화에 능숙합니다. 아인슈타인

은 자신의 성공을 시각화 기술 덕분으로 돌렸습니다.

나의 특별한 기술은 계산에 있는 것이 아니라 효과, 가능성, 결과를 시각화하는 데 있습니다.

시각화가 인간에게 큰 힘을 준다는 것은 맞는 말입니다. 영장류(인간 포함)의 뇌는 약 30%가 시각 처리에 사용됩니다. 그러니 인간이 시각적 생명체인 것은 의심할 여지가 없겠죠.

연구자들은 시각화의 다섯 가지 측면, 즉 **내면화하기***Internalizing*, **식별하기***Identifying*, **비교하기***Comparing*, **연결하기***Connecting*, **공유하기***Sharing*를 확인했습니다. 지금부터 이 다섯 가지 측면을 각각 검토하고 자신의 삶에 시각화를 통합하기 위해 이 기술들을 어떻게 연마할 수 있는지에 대해 논의해봅시다.

내면화하기는 자신의 머릿속에서 무언가를 이해하는 것을 포함합니다. 문제, 특히 복잡한 문제를 이해하기 위한 첫 번째 단계가 내면화입니다. 대부분의 사람들이 도전적으로 여기는 문제를 하나 선

택해봅시다. 아마 긴 여행을 하기 위해 차에 짐을 실어야 하는 문제가 좋을 것 같네요. 어떤 사람이 여행에 필요한 모든 물품을 자동차에 잘 맞추어 싣는다면, 이 사람은 마법사일까요? 그보다 공간 문제를 내면화하는 데 능숙한 사람으로 보는 게 맞을 겁니다.

누군가가 차의 트렁크에 여러 개의 여행 가방과 여행 물품을 실을 준비를 한다고 합시다. 아마도 제일 먼저 이 많은 여행 물품을 어떻게 실어야 하는지에 대해 내면화하는 시간이 필요할 겁니다. 아마 자신에게 이렇게 질문할 수도 있겠죠.

- 큰 여행 가방은 몇 개지?
- 가방의 모양이나 크기가 모두 같은가, 다른가?
- 특정 물건을 실을 수 있는 공간, 예를 들어 뒷좌석 아래와 같은 공간이 있나?
- 깨지기 쉬운 물건이 담긴 가방은 어디에 싣는 게 좋을까? 그 자리게 놓으면 찌그러지거나 깨지지는 않을까?

여행 물품을 잘 싣는 재능이 있는 사람은 차에 여행 물품을 싣기 전에 이러한 질문에 대한 답을 그려보고 상상 속에서 어떻게 물건을 배치할 것인가를 생각하는 데 시간을 들입니다. 이 사람이 어떻게 짐을 싣는지 곁에서 관찰한다면, 짐을 실은 뒤 빼서 다시 싣고, 다시 배치하는 모습은 거의 볼 수가 없을 겁니다. 어디에 어떤 여행 물품을 실을 것인지에 대해 전략적으로 배치하고, 모든 것을 안전하게 싣습니다. 이렇게 여행 물품을 잘 싣는 이유는 주어진 문제를 내면화하는 데 시간을 들였고, 어떻게 해결할 것인가에 대해 계획을 세웠기 때문입니다.

시각화의 **식별하기**는 도움이 될 수 있는 이미지 또는 모델을 선택하거나 만들어내는 것을 포함합니다. 어린 학생의 경우, 많은 선생님들은 "읽기*Read*-그리기*Draw*-쓰기*Write*"라고 불리는 RDW 전략을 사용하여 수학 문제 풀이에 도움을 줍니다. RDW 전략은 학생들의 문장제 문제 풀이를 돕기 위해 모델이나 그림을 그리는 겁니다. 즉, 문제를 읽고, 모델을 그리고, 그 다음에 답을 문장으로 씁니다. RDW 전략은 아이들이나 자녀의 숙제를 도우려는 부모들을 고통스럽게 하기 위해 만들어진 것이 아닙니다. 오히려 그림 그리는 행위가 어떻게 문제를 더 깊이 이해하고 기억하게 만드는지에 대한 연구에 기반을 두고 있습니다.

문제를 해결하기 위해 그림을 그리는 것은 도움이 됩니다. 예를 들어, 여러분이 큰 파티나 연회를 준비하기 위해 테이블에 자리를 배치하는 방법을 계산해야 한다고 생각해 봅시다. 어떻게 자리를 배치하는 것이 가장 효과적인지 시각적으로 확인할 수 있도록 테이블과 의자를 그림으로 그릴 수 있습니다. 이 문제는 초등학교 4학년 정도에서 배우는 나머지가 있는 나눗셈에 대한 내용을 담고 있습니다. 학생들에게 도전적인 문제이고, 선생님도 학생들의 풀이를 돕기 위해 시나리오나 수학적 모델을 그리도록 격려하곤 합니다.

다음은 모델링이 문제를 이해하는 데 어떻게 도움이 되는지를 보여주는 또 다른 실생활 예입니다. 여러분이 이케아*Ikea*에서 쇼핑을 해본 적이 있다면, 가구가 잘 어울릴지 보기 위해 자신의 방을 설계할 수 있는 셀프 플래닝[28] 소프트웨어를 사용해 본 경험이 있을 겁니다. 이 소프트웨어는 가구 배

치를 이해하는 데 도움을 줍니다. 필요한 물건을 어디에 배치해야 하는지 파악하지 못한다면 앞이 깜깜해질 겁니다. 만약 부엌 진열장을 구입한다고 할 때, 필요한 진열장을 머릿속에 그려보거나 실제로 그 크기를 실측할 수도 있겠지요. 이때, 모델링은 진열장 구입을 결정하는 데 큰 도움이 됩니다. 이케아에서 제공하는 셀프 플래닝과 같은 소프트웨어가 존재하는 이유도 모델링이나 그림이 상당히 중요하기 때문입니다. 만약 자신의 부엌에 잘 어울릴지 계획도 세우지 않고 완전히 새로운 부엌을 만들기 위해 엄청 비싼 진열장을 주문했다고 상상해 봅시다. 아무리 좋은 진열장이라도 반품해야 하는 문제가 뒤따르지 않을까요.

시각화의 **비교하기**는 시간이 촉박할 때 자주 생략됩니다. 앞서 얘기했던 부엌 진열장을 다시 생각해 봅시다. 현재 추석 한 달 전이고, 모든 가족이 추석에 집으로 모이기 전에 새로운 부엌을 계획하고 있다고 상상해 봅시다. 그런데 셀프 플래닝을 사용한 다음 서둘러 여러 개의 새 진열장을 주문하면서 자신이 선택한 모델을 다른 모델과 비교하지 않았습니다. 아마도 3개월이 지날 즈음에 '이번에 주문한 진열장보다 다른 진열장이 더 나았을걸' 하면서 후회할 수도 있습니다. 셀프 플래닝을 이용하여 원했던 것처럼 추석 이전에 새로운 부엌을 완성해 시간을 절약했는지는 모르나, 비교하기가 빠진 결과, 신중하게 고민했어야 하는 부분을 놓친 겁니다.

비교하기는 **연결하기**와 밀접하게 관련되어 있습니다. 학생들이 두 개의 이미지나 문제를 보고 둘 사이에 차이점과 유사점을 비판적으로 생각하는 교육적 접근법으로도 비교하기와 연결하기가 쓰입니다. 비교하기와 연결하기의 목적은 '학생들이 다양한 수학적 접근, 표현, 개념, 예시, 언어를 식별하고 비교하고 대조할 때 **메타인식**Meta-awareness을 배양하는 것'입니다. 이를 위하여, 선생님은 학생들이 만든 두 개 이상의 모델을 나열하고 학생들에게 이 모델들을 비교하고 연결하도록 할 수 있습니다.

이와 유사한 수학적 접근이 '**같지만 다름**Same But Different'이라는 것으로, 두 개의 이미지를 비교하고

대조하는 것입니다. 다음은 취학 전 아동이나 유치원생에게 제공할 수 있는 예입니다.

물건의 수를 세고 이름을 말하는 게 가능한 아이라면, 이 예시에서 각 줄에 6개의 분홍색 하트가 있다는 것을 압니다(대부분 다섯 살 정도면 정확하게 셀 수 있음). 어린 학생은 두 번째 줄의 하트가 첫 번째 줄의 하트보다 더 길다는 것을 압니다. 이때, 두 번째 줄의 하트가 더 길다는 것이 무엇을 의미하는지에 대해 함께 이야기해 볼 수 있습니다. 개수가 더 많다는 뜻입니까? 두 줄 모두 하트가 여섯 개인데 두 번째 줄이 첫 번째 줄보다 길다는 게 가능할까요? 이 상황은 어린 학생들에게 상당히 자극이 되는 학습입니다.

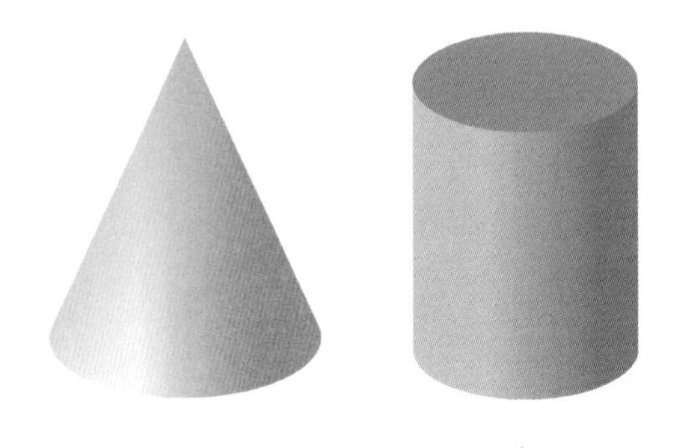

다음은 기하 수업에서 적용할 수 있는 '같지만 다름'을 보여주는 예입니다.

여러분이 가장 먼저 알아차릴 수 있는 것은 두 물체가 모두 입체도형*Shape*이라는 겁니다. 그리고 하나는 분홍색, 다른 하나는 회색이라는 것입니다. 계속 찾아보면 다른 점을 더 많이 알아차리게 됩니다. 하나는 원뿔*Cone*이고, 다른 하나는 원기둥*Cylinder* 입니다. 원뿔은 밑면이 원입니다. 원기둥에는 밑면이 2개입니다(밑면이 하단과 상단에 있음). 두 입체도형의 부피나 겉넓이를 어떻게 비교하는지 생각해 볼 수 있습니다. 원기둥이 원뿔보다 더 많은 액체를 담을 수 있는지, 그렇다면 얼마나 더 많은 액체를 담을 수 있는지 궁금할 겁니다. 불과 1~2분 만에, 이 두 이미지를 비교하고 대조함으로써, 공간적 추론을 포함하는 깊은 수학적 개념에 대해 생각해 볼 수 있습니다. 또한 자신의 생각을 수학 용어로 설명할 수 있습니다.

시각화의 마지막 측면은 **공유하기**입니다. 언어를 사용하여 자신의 머릿속에 있는 무언가를 설명하면 그것은 명확해집니다. 말하기가 사고의 한 형태임을 확인해보기 위해 4장의 '수학 언어로 설명하고 말하기'로 돌아가 보세요. 그리고 공유하기를 통해 여러분의 설명을 들은 상대방 또한 여러분이 공유한 것을 이용할 수 있으며, 동시에 새로운 무언가를 배울 수도 있습니다.

부엌 리모델링 시나리오로 돌아가 보겠습니다. 여러분이 시간을 들여 여러 부엌 구조를 설계하고 비교하고 연결한다면, 자신이 원하는 이상적인 부엌을 갖게 될 것입니다. 이제 가족 구성원에게 부엌 배치를 설명하거나 보여주는 것을 상상해 봅시다. 부엌 진열장의 위치를 설명하다 치수를 잘못 알고 있음을 깨닫고 다시 치수를 확인할 수 있습니다. 또는 가족 중에 누군가가 냄비 뚜껑을 보관할 장소가 없다고 지적할 수 있습니다. 냄비 뚜껑 보관 장소에 대해서는 자신의 계획을 가족과 공유하지 않았다면 전혀 알아차리지 못했을 겁니다. 이처럼 공유를 함으로써 자신의 일을 점검할 수 있으며 더불어 가족 구성원들이 새로운 부엌에 대한 계획 과정을 이해하도록 도울 수 있고 이후에 직접 돕게 될지도 모릅니다.

우리는 시각화가 일상생활에서 어떻게 도움이 되는지에 대한 몇 가지 예를 살펴보았습니다. 특히, 공간 문제로 차에 짐을 싣는 방법과 새 부엌을 배치하는 방법에 대해 이야기해 봤습니다. 하지만 시각화는 공간적인 문제 이상의 것을 도울 수 있습니다. 그리고 여러분이 미래를 계획하고 앞으로 마주칠 수 있는 문제를 해결할 준비를 하는 데 도움이 될 수 있습니다.

심리학자와 신경과학자들은 '만약 ~그렇다면 계획법'과 '습관 쌓기' 전략뿐 아니라 **'시각화'**도 강력한 도구임을 강조했습니다. 무하마드 알리 *Muhammad Ali*는 다음과 같이 말했습니다.

만약 내 마음이 그것을 상상할 수 있고 내 심장이 그것을 믿을 수 있다면, 나는 그것을 이룰 수 있다.

선수들은 경기 불안을 줄이고 경기 성과를 높이기 위해 시각화를 사용했습니다. 음악가들은 자신이 연습한 완벽한 손가락 위치를 상상하면서 머릿속에서 곡의 연주 방법을 검토합니다. 연구에 따르면 완벽한 테니스 스트로크[29]나 완벽하게 연주된 협주곡과 같이 자신이 성취하고자 하는 것을 시각화할 때 더 나은 성과를 얻을 수 있다고 합니다. 만약 뇌가 자신이 성취하고자 하는 것을 본다면, 뇌는 그것을 성취할 가능성이 더 높습니다.

무엇인가를 시각화하면 그것을 더 잘 할 수 있을까요? 꼭 속임수처럼 들리겠지만, 이 의견은 이미 여러 번 입증되었고 실제로 효과가 있음이 밝혀졌습니다. 최근에 단지 새끼손가락 운동을 시각화하는 것만으로 새끼손가락 힘을 증가시킬 수 있는지 조사한 연구가 있었습니다. 이 연구는 새끼손가락을 '정신적으로만' 운동했던 사람들의 새끼손가락

근력이 증가했음을 증명했습니다. 새끼손가락을 실제로 운동한 참가자들만큼 새끼손가락의 힘이 증가하지는 않았지만, 정신적인 운동이나 신체적인 운동을 하지 않은 대조군보다 눈에 띄게 더 많이 증가했습니다. 즉, "정신 훈련은 근육을 더 높은 활성화 수준으로 몰아주고 힘을 증가시키는 피질 출력 신호Cortical output signal를 향상시킨다"고 결론을 내렸습니다.

이 연구의 결과는 시각화가 규칙적으로 연습될 수 있고, 연습되어야 한다는 것을 의미합니다. 훌륭한 운동선수나 음악가뿐만 아니라 누구나 시각화를 통해 더 나은 무언가를 얻을 수 있습니다. 걱정되는 치과 예약이 있습니까? 입 속에 드릴이 돌아가도 동요하지 않고 의자에 차분히 앉아 있는 자신의 모습을 상상해 보세요. 상사와 어려운 대화를 계획하고 있습니까? 침착하게 그의 사무실로 걸어 들어가는 자신의 모습을 상상해 보세요. 옷매무새를 가다듬고, 자신감을 가지고 대화에 임하고 있습니다. 이러한 시각화 연습은 여러분의 긴장을 줄여줄 뿐만 아니라, 원하는 방식으로 일이 처리될 가능성을 높입니다.

앞에서 논의한 시각화의 다섯 측면(내면화하기, 식별하기, 비교하기, 연결하기, 공유하기)은 복잡한 문제를 해결하는 데 유용합니다. 자신의 상사에게 무슨 말을 하고 싶은지 모르겠지만 대화가 필요하다는 것을 알고 있다고 합시다. 먼저, 자신이 원하는 대화가 무엇인지 생각해 보세요. 상사와 나누고 싶은 대화의 주제는 무엇인가요? 상사를 어떻게 만나야 할까요? 어떻게 해야 상사 앞에서 당당해질 수 있을까요? 그런 다음 대화를 '모델화'합니다. 친구와 대화 연습하기 또는 하고 싶은 말을 글로 적어보기 등을 해 봅니다. 이때, 자신이 할 수 있는 전술이나 주장과 이렇게 모델화한 것을 비교하고 과거에 자신의 상사와 나눈 대화를 연결시킵니다. 이 과정은 자신이 생략했을 수 있는 요점을 확인하거나 상사가 제기할 수 있는 주장을 반박할 계획을 세우는 데 도움이 됩니다. 마지막으로 누군가와 계획을 공유합니다. 공유하게 되면 머릿속에서 자신의 계획이 명확해질 뿐만 아니라 상대로부터 피드백을 들을 수 있는 기회를 갖게 됩니다. 피드백을 받은 후 필요한 만큼 이 과정을 반복합니다. 이제 당신은 자신의 상사와 이야기할 준비가 되었습니다.

자신의 인생에서 원하는 것들을 성취하도록 도울 수 있는 또 다른 전략은 **비전보드***Vision board*를 만드는 것입니다. 여기서 비전보드란 내가 이루고 싶은 일, 가지고 싶은 것, 되고 싶은 사람 등 나의 비전을 사진이나 그림으로 나타내는 시각화 방법입니다. 비전보드는 몇 년 안에 자신의 삶이 어떻게 되길 바라는지 계획하는 데 종종 사용되며 시각화의 다섯 가지 측면을 모두 포함합니다. 먼저, 자신의 삶이 어땠으면 하는지 **내면화**합니다. 그리고 나서 내면화한 자신의 삶이 어떻게 보일지 **식별**합니다. 머릿 속으로 그려본 것을 나타낼 이미지를 찾습니다. 그런 다음 이 이미지들을 **비교**하고 **연결**합니다. 자신의 삶에 영향을 미칠 수 있는 다른 이미지들이 있을까요? 이 이미지들 사이에 공통점은 무엇인가요? 이 이미지들은 자신의 목표에 대해 의미하는 바가 무엇일까요? 마지막으로 비전보드를 자신과 **공유**하거나(잘 보이는 곳에 놓아두기) 친구들과 공유합니다. 이렇게 공유하면 자신의 마음을 굳건히 하는 데 도움이 됩니다.

이제 시각화의 이점을 배웠으니, 수학자처럼 생각하는 길로 한 발짝 더 나아가고 있습니다. 마지막으로 논의해야 할 기술이 하나 더 있습니다. 바로 **어림하기***Making estimation*와 **예측하기***Guessing*입니다.

8장

어림하여 예측하기

X=-10
X=-8
P=2(a+6)
V=abc
1+1=2
666'6666

c=2πr
√x+9 + √8x+5
x=-10
x=-8
P=2(a+b)
V=abc
1+1=2
√6
S=vt
lim

마음의 마지막 습관은 여러분이 알든지 모르든지 간에 매일 사용하는 것입니다. 바로 **어림하기** *Estimation*입니다. 여러분이 식료품점에 갈 때마다 (계산기를 가지고 가지 않는 한) 자신이 얼마 정도를 지출할지 어림할 겁니다. 자동차에 기름을 넣어야 할 때 비용이 얼마 들어갈지를 어림할 수 있습니다. 집을 나서기 전에 20만 원 정도를 가져가면서 필요한 모든 것을 사도 이보다 적게 들거라고 생각하기도 합니다. 아침 출근 전에 샤워하고 준비하는 데 총 시간이 얼마나 걸릴지 어림합니다.

값 또는 수를 어림하거나 예측하는 것은 일상생활에서 항상 마주치는 상황입니다. 여러분이 다른 사람들보다 어림하기 쉬운 상황을 찾을 수도 있고 친구가 여러분보다 더 잘 어림할 수도 있습니다. 왜냐하면 어림하기는 수 감각을 포함하기 때문입니다. 이때, **수 감각**이란 양을 이해하고 조작하는 능력입니다. 우리들 중에 몇몇은 다른 사람들보다 더 강한 수 감각을 가지고 있습니다.

교육자들은 수 감각이 얼마나 중요한지 압니다. 왜냐하면 수 감각은 어림하기뿐만 아니라 수치적, 공간적 개념을 쉽게 파악할 수 있는 기반을 형성하기 때문입니다. 현재 대부분의 수학 수업은 학생의 수 감각 신장에 초점을 맞추고 있으며, 특히 저학년들에게는 더욱 강조되고 있습니다. 만약 수업 시간에 '**수 대화하기***Number talks*'라는 걸 한다면 학생들이 수 감각을 기르고 있다고 보면 됩니다. 수 감각이 강할수록 어림하기 능력도 향상됩니다.

여러분이 일상생활에서 어림하기를 어떻게 사용하는지 살펴봅시다. 앞의 예에서 설명한 금액 지불하기에서 어림하기를 사용할 뿐 아니라, 모든 종류의 양*Quantitative*을 다루는 시나리오에서 어림하기가 사용됩니다. 여러분이 박물관이나 큰 사무실 건물로 걸어 들어간다고 상상해 보세요. 건물에 들어서자마자 눈앞에 엄청나게 긴 계단들이 보입니다.

자신도 모르게 계단이 몇 개 정도인지 대략적으로 어림하고, 엘리베이터를 찾을지 결정하기 전에 계단을 오르는 데 얼마나 힘들지 머릿속으로 예측합니다. 만약 계단이 몇 개 안 된다면 계단을 올라갈 겁니다. 그러나 계단을 올라가기 힘들 것 같다면, 엘리베이터가 더 낫다고 결정할 겁니다.

이제 여러분이 장거리 운전을 해야 한다고 상상해 봅시다. 일 년에 한 번 정도 친척들을 보러가는 여행이면 되겠네요. 핸드폰으로 내비게이션 지도 어플리케이션에서 확인해본 결과 대략 5시간 정도 소요된다고 합니다. 이전에 운전해서 가본 적이 있다면, 언제 어디서 교통 상황이 복잡한지 알 수 있습니다. 출퇴근 시간대라면 2시간 정도 더 걸릴 것으로 예상합니다. 만약 함께 여행할 어린 자녀가 있다면 화장실에 가는 등의 휴식 시간을 위해 한 시간이 더 필요할 겁니다. 전날 밤 친척과 통화할 때, 추가로 3시간을 예상했기 때문에, 오전 11시에 출발해서 저녁 7시에 도착할 계획이라고 말할 수 있습니다.

이 시나리오는 어림을 잘하기 위해 개인적인

경험이 필요하다는 것을 보여줍니다. 경험이 풍부한 영업 사원은 신제품이 대중에게 공개되기 전에 신제품에 대한 수익을 어림할 수 있습니다. 유치원 선생님은 5살짜리 아이들이 놀이터에서 교실로 돌아오는 데 얼마나 걸릴지 어림할 수 있습니다. 뜨개질에 능숙한 사람은 무늬가 있는 스웨터를 짜는 데 단순한 모자보다 얼마나 더 오래 걸릴지 어림할 수 있습니다. 경험이 풍부한 요리사는 소금 한 꼬집이나 1티스푼 정도가 어느 정도인지 알고 있습니다. 이러한 어림값은 수량에 대한 지식뿐만 아니라 개인적인 경험에 기초합니다.

따라서 이전에 경험해 본 적이 없다면 어림하기도 어렵습니다. 하지만, 수 감각을 향상시켜 어림할 수 있는 능력을 키울 수 있습니다. 어린 학생들이 가장 먼저 배우는 것 중 하나는 '**친근한 수***Friendly numbers*[30]' 또는 '**벤치마크 수***Benchmark numbers*[31]'라고 부르는 것입니다. 10진법에서 친근한 수는 보통 10 또는 100의 배수로, 다른 수보다 연산을 하는 데 훨씬 쉽게 사용할 수 있습니다.

어린 아이들이 더하기와 빼기를 처음 배울

친근한 수(Friendly Number) 전략

43 + 27 =
40 3
27 + 3 = 30
30은 '친근한 수'이다
40 + 30 = 70

때 친근한 수를 이용하는 전략을 배웁니다. 문제 18+7을 예로 들어보겠습니다. 18과 7을 더하는 것은 일반적으로 초등학교 1학년 학생들에게 어렵습니다. 18에 7을 더하기 위해 머리를 짜내는 대신, 18에 가장 가까운 친근한 수, 이 경우에는 20을 찾도록 안내할 수 있습니다. 18이 20이 되기 위해 2를 더해야 합니다. 그러면 7에서 2가 빠져 5가 될 수 있습니다. 따라서 18+7은 20+5가 되어 훨씬 쉽게 계산을 할 수 있습니다.

이번에는 성인이 경험할 수 있는 예를 살펴봅시다. 혹시 음식값이 9,800원인데 10,000원을 내는 사람과 식사해본 경험이 있으신가요? 누군가는 음식값을 계산하기 위해 핸드폰 계산기를 사용하지만, 어떤 사람들은 자신의 수 감각과 친근한 수를 사용합니다. 여러분이 지불해야 하는 금액이 38,460원이라고 해봅시다. 그리고 팁으로 음식값의 15% 정도를 내려고 합니다. 38,460원의 10%는 3,846원이고, 20%는 3,846원의 두 배인 7,692원입니다. 따라서 15%는 3,846원과 7,692원의 중간 정도일 겁니다. 정확히는 5,769원입니다. 하지만, 계산기가 없다면, 많은 사람들은 정확하게 계산해내지 못할 겁니다. 팁이 4,000원에서 8,000원 사이여야 한다고 생각할 가능성이 훨씬 더 높고, 친근한 수를 사용해 팁을 결정합니다.

계산서에 38,460원이라 적혀 나오면, 당신의 친구는 45,000원 정도를 지갑에서 뺀 뒤에 정확한 팁을 계산할 수도 있습니다. 대부분의 사람들은 머릿 속으로 15%(5,769원)를 계산한 다음 38,460원에 더하는 것보다 45,000원에서 38,460원을 빼는 계산법이 더 쉽습니다. 이런 계산은 45,000원이 0이 붙어 있는 친근한 수이기 때문에 가능한 겁니다. 38,460원에 540원을 더하면 460원+540=1,000원이므로 총 39,000원이 되고, 다시 6,000원을 더하면

45,000원이 됩니다. 우리는 대략 10%에서 20% 사이의 팁을 어림하고 친근한 수를 이용해 정확한 팁을 계산해 보았습니다.

친근한 수 사용으로 삶이 편해질 수 있습니다. 특히 친근한 수 사용은 머릿속으로 계산하는 수학을 실천하는 데 필수적인 기술입니다. 완전히 같다고 할 수는 없지만 친근한 수 사용과 밀접하게 관련이 있는 것이 반올림하는 능력입니다. 친근한 수를 사용할 때 어떤 수에 값을 추가하는 게 좋은지 비교한 뒤 정확한 답을 찾습니다. 이와 유사하게 반올림할 때에도 양에 대한 대략적인 값을 확인하려 노력합니다.

아이들은 보통 초등학교 3학년이나 4학년 때 **반올림**하는 방법을 배웁니다. 그리고 반올림은 성인이 된 후에도 거의 매일 사용합니다. 학생들이 "저희가 반올림을 알아야 하나요?"라며 선생님을 괴롭힌다면, 선생님들은 소리 높여 "네! 알아야 합니다!"라고 대답할 수 있습니다. 반올림이란 반올림할 수를 그와 가장 가까운 그룹으로 바꾸는 것을 의미합니다. 54는 10을 단위로 할 때 60보다 50에 가깝기 때문에 반올림하면 50입니다. 또한 100을 단위로 할 때 0보다 100에 가깝기 때문에 반올림하면 100이구요.

여러분은 돈을 계산할 때 반올림을 자주 이용할 텐데요. 반올림은 돈을 계산하는 데 가장 유용하게 사용됩니다. 마트에서는 물건 가격의 1~2%를 할인해서 판매 가격을 낮추는 것을 좋아합니다. "바나나 한 송이에 3,000원"이라는 광고보다 "한 송이에 2,990원"이라는 광고를 더 많이 볼 수 있습니다. 시장 조사원들은 소비자들이 광고의 의미를 그리 잘 파악하지 못한다는 것을 확인했습니다. 왜냐하면 2,990원을 왼쪽에서 오른쪽으로 읽다 보면 '2'에 집중해서 "한 송이에 2,000원이구나! 좋은 가격이네"라고 생각하니까요. 그러나 여러분이 수 감각을 사용하여 가장 가까운 전체 금액을 반올림한다면, 2,990원은 기본적으로 3,000원이라는 것을 알 수 있습니다. 다음번에 쇼핑하러 갈 때, 마케팅 전략에 속지 말고 수 감각을 사용하는 것을 기억하세요!

반올림은 모든 일상생활에 활용됩니다. 쇼

핑을 하는 동안 자신이 얼마나 소비하고 있는지를 계속해서 계산할 때 반올림할 수 있습니다. 떡볶이 1인분에 약 3,000원, 브로콜리 한 송이에 약 2,000원, 1리터 우유에 약 4,000원 등. 이미 여러분은 반올림을 이용해 생활에서 예산을 책정하거나 지출 내용을 확인합니다.

중고등학생들도 항상 반올림을 하는데, 부모님이 보통 용돈을 관리하기 때문입니다. 예를 들어, 등하교 길에 편의점에서 2,370원짜리 과자와 1,980원짜리 음료수를 사려고 5,000원을 지불할 수 있습니다. 계산대에 도착하기 전에, 머릿속으로 대략적인 금액을 반올림하고 덧셈을 하지, 2,370원과 1,980원을 더하느라 시간과 노력을 들이지 않습니다. 2,500원과 2,000원을 더하는 게 훨씬 쉽고, 두 금액을 모두 반올림했기 때문에 아마도 계산대에서 사탕 한 개를 살 수 있는 약간의 여유가 있다는 것을 알고 있을 것입니다.

건설업자나 계약자들도 반올림하여 어림을 합니다. 건설에 필요한 자재를 부족하게 어림하면 건설 속도가 느려지고 고객이 불평을 하기 때문에 건설업자들은 최대한 반올림을 해서 계산합니다. 만약 한 층을 완성하는 데 17상자가 조금 넘는 타일이 필요하다고 계산한다면, 건설업자들은 반올림해서 18상자를 주문할 겁니다. 일부 계약자는 자재가 부족하지 않도록 필요한 제품을 10%를 더 주문합니다. 유사한 프로젝트를 수행한 경험을 바탕으로 작업을 완료하는 데 소요되는 예상 가격과 시간을 고객에게 미리 알리기도 합니다. 즉, 작업을 완성하는 데 필요한 초기 평가 및 일련의 측정 결과를 어떻게 어림했느냐에 따라 작업을 수행할 수 있는 계획이 나옵니다. 초기 평가 및 일련의 측정 후에 작업을 수행할 수 있는 능력은 어림값에 따라 달라집니다.

또한 누군가와 시간에 대해 이야기할 때도 반올림을 이용합니다. 여러분이 외출할 준비를 한다고 해봅시다. 여러분의 친구나 가족은 준비하는 데 얼마나 걸리는지 물어보게 됩니다. 그러면 "27분 49초 걸려"라고 대답하기보다 "약 30분 정도 걸려"라고 보통 반올림해서 대답할 겁니다. 우리가 이렇게 시간을 반올림하는 이유는 첫째, 말하기가 훨씬 쉬워서 그리고 상대가 반올림된 값을 이해한다는 걸 알기 때문입니다. 이미 시간을 다루어본 경험과 감각을 갖고 있기 때문에 대략 30분이 어떤 느낌인지 압니다. 또한 기다릴 수 있는 약간의 여유도 줍니다. 만약 25분 안에 준비가 끝났다면, 좋은 거죠. 그런데 기다리는 시간이 35분이나 40분 정도로 늦어진다면, 상대는 '또 늦는구나'라고 생각하며 신경 쓰지 않게 되겠지요.

그렇다면 어떻게 하면 **어림하기** 능력을 향상시킬 수 있을까요? 여러분이 할 수 있는 첫 번째 방법은 최대한 머릿속에서 문제를 해결하려고 노력하는 것입니다. 즉, 엘리베이터 대신에 계단을 이용할 때, "계단이 몇 개 정도일 거야", "시간이 어느 정도 걸릴 거야"라면서 머리로 어림해보는 겁니다. 만약 식당에서 계산서를 받는다면, 계산서 금액의 10%가 얼마일까하면서 잠시 생각해보는 겁니다. 그런 뒤에 20%도 생각해봅니다. 또는 음식값과 팁을 모두 합한 값이 얼마 정도 될 것이라고 정한 뒤, 팁을 정하기 위해 **친근한 수** 전략을 사용할 수도 있습니다. 마트에서 구입한 물품들을 계속해서 기록하고, 그 물품의 실제 가격에 가까운 정수값을 계산하고 반올림하면서 전체 금액을 어림할 수 있습니다. 혹시 계산기를 사용해서 계산해야 한다면, 계산기 사용을 두려워하지 마십시오. 적절한 도구를 언제 어떻게 사용해야 하는지 아는 것도 중요한 기술이자 CCSSM에서 제시한 수학적 실천 규준*SMPs*[32] 중에 하나입니다.

여러분이 자신의 수 감각을 강화할 수 있을 뿐 아니라 교실에서 선생님이 사용할 수 있는 가장 강력한 방법 중 하나인 **수 대화하기***Numbers Talks*로 이 책을 마무리하겠습니다. 현재 여러분은 이 책을 읽고 있는 중이므로 실제로 수에 대해 대화할 수는 없겠지만, 수 표현에 대해 생각해 볼 수 있는 좋은 기회가 될 것입니다. 다음에 제시될 상황은 수학을 가르치는 어떤 블로그에서 찾은 겁니다. 오른쪽에 그림이 보이시나요? 점이 모두 몇 개인지 계산해 봅시다.

그림 위의 점이 몇 개인지 하나씩 세지 말고, 점의 개수를 계산할 수 있는 방법을 최대한 많이 생각해 보는 겁니다. 바로 이 시점에서 대화를 시작하면 됩니다. 선생님은 학생들에게 몇 가지 풀이 방법을 발표시키고 학생들은 자신들이 생각한 방법을

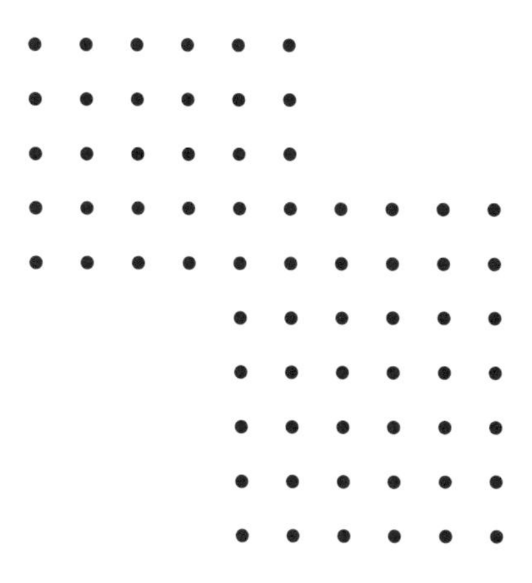

비교하게 됩니다. 아래에 여러 가지 방법이 나열되어 있으니 확인해보고, 직접 연결을 그려보세요.

일단 답을 말하면, 점은 모두 68개입니다. 틀렸다고 해도 걱정하지 마세요. **수 대화하기**의 목표 중에 '해결(또는 계산)을 위한 다양한 전략을 찾고 자신이 어디서 틀렸는지 탐색하기'가 있으니까요.

68개임을 확인하는 한 가지 전략은 다음과 같습니다.

실선 직사각형은 5×6이므로 30개의 점이 확인됩니다. 점선 직사각형은 6×7이므로 42개의 점이 포함되어 있습니다. 그런데 두 개의 직사각형

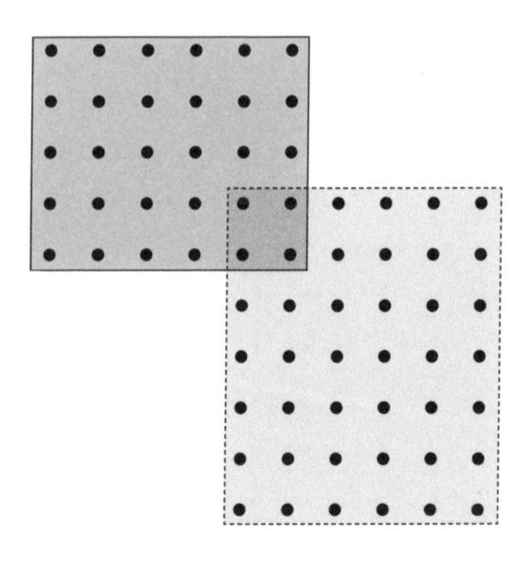

가운데에 겹치는 네 개의 점이 있습니다. 이 네 개의 점이 두 번 반복되어 있으니 네 개를 빼야 합니다. 따라서 점의 개수는 다음 수식으로 나타낼 수 있습니다.

$$(5\times6)+(6\times7)-4=68$$

또는 그림을 세 개의 직사각형으로 분해할 수도 있습니다. 이렇게 세 개의 직사각형으로 분해하는 방법은 여러 가지가 있습니다. 다음은 그 중 하나입니다.

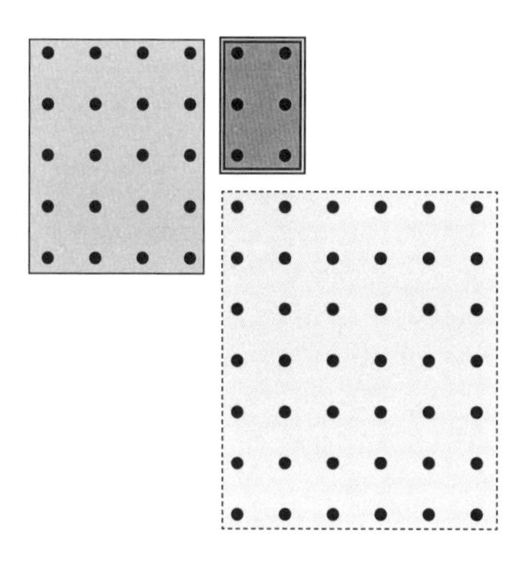

실선 직사각형에 20개의 점이 들어 있고, 이중 실선 직사각형에는 6개의 점이, 그리고 점선 직사각형에는 42개의 점이 확인됩니다. 이에 대한 수식은 다음과 같습니다.

$$(4\times5) + (2\times3) + (6\times7) = 68$$

그림을 세 개의 직사각형으로 분해하는 또 다른 방법은 다음과 같습니다.

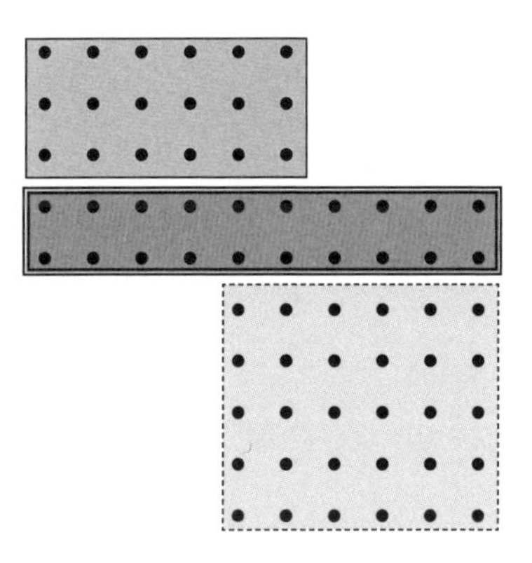

이렇게 분해하는 방법에 대한 수식은 다음과 같습니다.

$$(3 \times 6) + (2 \times 10) + (5 \times 6) = 68$$

또는 직사각형을 크게 그려서 점의 개수를 세어볼 수도 있는데, 그림 주위를 감싸는 직사각형을 그린 다음 빠진 공간에 있을 것으로 예상되는 점의 수를 빼는 겁니다.

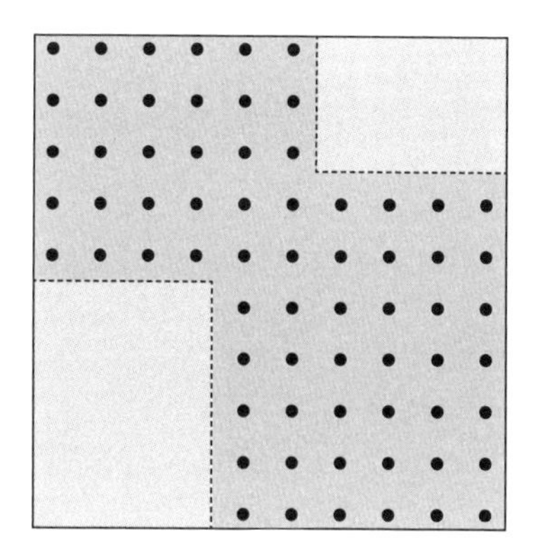

이 방법에 맞는 수식은 다음과 같습니다.

$$(10 \times 10) - (3 \times 4) - (4 \times 5) = 68$$

이쯤 되면 학생들에게 다음 질문을 해보는 겁니다.

- 이 모든 수식들이 68을 나타내는 이유가 무엇일까요?
- 이 수식들은 다르게 보이는데 결과는 어떻게 같은 걸까요?
- 이 수식들의 기초가 되는 수학적 규칙은 무

엇일까요?

- 이 수식들의 유사점과 차이점은 무엇일까요?

학생들은 이 질문에 답하기 위해 진짜 수학적 사고를 시작하게 됩니다.

위의 예시에서, 수학적 마음의 습관 대부분이 확인됩니다. 점들의 배열에 주목하면서 패턴을 찾았습니다. 즉,

- 다양한 방법으로 세어 보았습니다.
- 도중에 실수할 수도 있었습니다.
- 직접 그려본 것을 수학 언어로 설명했습니다.
- 그림을 여러 구성 요소로 분류하고 분해했습니다.
- 해결에 도움이 되는 전략이나 알고리즘을 고안했습니다.
- 머릿속에 있는 다른 아이디어를 시각화했습니다.

- 여러 전략을 비교하고 연결했습니다.
- 수식을 계산하기 전에 대략적인 결과 값을 어림해 보았습니다.

좋은 **수 대화하기** 경험은 위의 모든 습관뿐 아니라 더 많은 습관을 포함합니다.

수 대화하기에서는 수학적 규칙을 강화하면서, 다양한 방식으로 분해될 수 있는 수나 이미지에 대한 토론이 가능합니다. 다양한 방법으로 수와 패턴을 탐색하면서 새로운 전략과의 연결을 찾는 경험에 도전해 봅시다. 이와 같은 과제를 다루며 깊게 생각해 보는 것은 자신의 수 감각을 증가시키고 수학의 아름다움에 눈을 뜨게 할 뿐 아니라, 수학을 많은 다양한 방법으로 표현하는 기회도 경험하게 합니다.

9장

수학이 바꾼 세상 이야기

P=2(a+6)
x=-10
x=-8
V=abc
1+1=2
666'6666

$x_{1,2}=4\pm$
$\sin 3x =$
$(x+8)$
$c=2\pi r$
$P=2(a+b)$
$\sqrt{x+9}+\sqrt{8x+5}$
$x=-10$
$x=-8$
$P=2(a+6)$
$V=abc$
$1+1=2$
$\sqrt{6}$
$S=vt$
$\lim$

여러분은 수학이 자신의 삶에 가져다 줄 수 있는 가치에 대해 여전히 의심스러운가요? 그렇다면 수학의 역사에서 얻을 수 있는 짧은 교훈을 들려드리겠습니다. 이 짧은 교훈만으로도 수학이 얼마나 강력한지 설득하는 데 도움이 될 겁니다. 역사는 누가 이야기를 전개하느냐에 따라, 그리고 어떤 목적으로 역사적 정보를 제공하느냐에 따라 새롭게 구성됩니다.

우리는 수학자들이 세상을 어떻게 변화시켰는지에 대해 거의 듣지 못했습니다. 그러나 그와 반대로 수학자들이 세상을 변화시킨 것은 사실입니다. 역사를 통틀어 수학자들이 문명에 기여한 놀라운 사례들이 많이 있습니다.

세계에서 가장 오래된 문명 중 하나로 알려진

고대 수메르인들의 이야기부터 시작해 봅시다. 이 문명은 종종 '문명의 요람'으로 여겨지기도 합니다. 수메르인들은 오늘날 이라크 지역인 메소포타미아에서 살았고 기원전 5000년에서 기원전 2000년까지 번영했습니다. 수메르 문명이 꽃을 피운 이유는 인간이 농경지를 어떻게 경작하는지 배웠고, 이는 식량 공급 증가로 이어져 인구 증가와 도시 국가 설립을 가능하게 했기 때문입니다.

성장하는 인구 밀집 지역에서 부를 축적하기 위해 무엇이 필요했을까요? 바로 수학입니다. 구체적으로, 수메르인들은 토지와 세금을 추적하는 데 도움이 되는 번호 체계와 기본적인 계산이 필요했습니다. 수메르 도시 우르*Ur*의 고대 점토판은 기원전 2094년부터 기원전 2046년까지 우르를 통치했던 **슐기***Shulgi* 왕이 어떻게 최초의 '수학적 국가'를 만들었는지 보여줍니다. 슐기 왕은 거의 모든 부분에서 자신의 위용에 대해 찬미하는 글을 썼습니다. 단, 재위 기간 동안 자신을 신으로 선언하기도 했는데, 그가 얼마나 수학적인 천재였는지는 확신할 수 없습니다. 그러나 그는 국가 재정을 관리하는 데 중요한 수단으로 도량형*Weights and measures*[33]을 표준화했습니다. 사실 표준화된 도량형 없이 국가를 통치한다는 건 상상할 수 없답니다.

수메르인들은 또한 최초의 **진법***Number system*[34]을 만들었습니다. 아래에 **쐐기문자***Cuneiform*[35]로 쓰여진 1번부터 59번까지의 숫자를 보세요.

1	11	21	31	41	51
2	12	22	32	42	52
3	13	23	33	43	53
4	14	24	34	44	54
5	15	25	35	45	55
6	16	26	36	46	56
7	17	27	37	47	57
8	18	28	38	48	58
9	19	29	39	49	59
10	20	30	40	50	60

패턴을 보는 방법을 연습한 뒤에 점토판을 잠시 살펴보세요. 뭐가 보이나요? 숫자 11에서, 10을 나타내는 기호 옆에 1을 나타내는 기호가 놓여 있는 법칙을 확인할 수 있습니까? 패턴은 59까지 계속되고 있습니까? 우리가 숫자를 쓰는 방법과 비

슷하게 **자릿값***Place value*[36]을 사용하고 있습니다. 그런데 수메르인이 사용한 진법과 현재 우리가 쓰는 진법 사이에 결정적인 차이점이 있습니다. 점토판에 새겨진 59 다음에 60이 되면 1에 사용된 기호 𒁹 1와 동일한 기호 𒁹 60를 사용하여 다시 시작한다는 것, 즉 숫자 60개를 사용하여 자릿수를 늘려가는 60진법을 사용했다는 점입니다. 수메르인의 60진법은 현 시대에 시간을 나타내는 방식에 여전히 존재합니다.

하지만 수메르인들의 진법에는 문제가 있었습니다. 숫자 1과 60이 동일한 기호로 표시되어 있다는 걸 확인할 수 있습니다. 60을 나타내는 '0'에 대한 기호 없이 말이죠. 다시 말해, 숫자 0이 없으면 10, 100, 1000은 모두 똑같이 1인 것처럼, 여러 수를 비교할 방법이 없었던 겁니다. 사소한 것처럼 보일 수 있지만, '아무것도 없음'을 나타내기 위한 기호가 없었을 때에는 많은 양을 표시할 수 없었습니다. 그러나 고대 인도나 여러 문명에서는 '아무것도 없음'을 나타내기 위해 기호를 사용했다고 합니다. 일단 '아무것도 없음'을 나타내기 위해 기호 '0'

이 도입된 후, 자릿값을 사용하여 숫자를 나타내는 인류의 능력은 무한해졌습니다.

인도, 마야, 이집트 문명을 포함한 고대 문명들은 후대 문화에 영향을 미친 온갖 종류의 매혹적인 수학을 생각해 냈습니다. 어쩌면 수학을 생각해 낸 게 아닐지도 모릅니다. 다만 수학의 힘을 알아차리고 활용했으며, 수학을 기록하고 자신들에게 유리하게 사용할 수 있는 방법을 찾아냈던 겁니다. 결국, 수학은 우리 주변에 존재하는 현상들을 연구하는 학문이며, 그 현상들을 인지하고 해석하는 것은 우리의 일입니다. 만약 여러분이 역사를 통해 전 세계의 문화를 확인한다면, 누군가 특정한 문제를 풀기 위해 수학이 필요했고 그래서 얻어진 수학적 '발견'의 수많은 사례를 확인하게 될 겁니다.

피타고라스*Pythagoras*는 가장 잘 알려진 고대 수학자들 중 한 명입니다. 앞서 5장에서 배운 피타고라스 정리는 우리가 기본적인 기하학을 이해하는 데 도움이 되며, 더 발전된 수학을 배우는 데 필요합니다. 그러나 피타고라스가 이 정리를 발견했는지는 논란의 여지가 있습니다. 직각 삼각형에서 직각을 낀 두 변의 제곱의 합이 빗변의 제곱과 같다는 정리에 대한 지식이 고대 인도와 그 외의 곳에도 존재했고, 피타고라스는 그의 여행 중에 이 정리에 대해 배운 것 같다는 증거가 있습니다. 사실, 피타고라스는 **피타고라스 학파***Pythagoreans*[37]를 설립했고 다른 사람들에 의해 증명되거나 발견되었을 수 있는 많은 지식을 피타고라스가 한 것처럼 그의 공으로 돌렸다고 합니다. 그러나 출처가 무엇이든 간에, 피타고라스 정리는 수학, 물리학, 예술, 건축, 지형, 그리고 다른 분야에서 너무도 많은 발견을 가능하게 한 중요한 지식입니다. 즉, 문명의 중요한 구성 요소 중 하나입니다.

서반구[38]에 사는 많은 사람들이 배우는 역사는 고대 바빌로니아에서 고대 그리스, 르네상스 유럽에 이르기까지 완전히 혹은 거의 전적으로 서양 수학자에 초점을 맞추고 있습니다. 그 이전이나 동시대에 많은 비서구 문화*Non-Western culture*도 수학에 기여했지만, 그에 대해 쓰여진 것은 많지 않습니다. 이러한 수학적 전통 중 일부는 구전 또는 음악이나 예술과 같은 다른 형식으로 존재해 외부 문화에서 배우기가 더 어렵습니다. 그럼에도 불구하고 매년 더 많은 자료가 발견되고 있고, 따라서 지금부터 10년 정도가 지나면 비서구의 수학적 발견이 세상을 어떻게 변화시켰는지에 대해 쓴 새로운 책이 출판될지 모릅니다.

수학사에서 고대 그리스와 르네상스 유럽 사이의 큰 공헌 중 하나는 대수학 분야입니다. 대수학의 몇 가지 내용들이 몇몇 문화에서 수 세기 동안 사용되었지만, 대수학을 최초로 정의한 사람은 9세기 이슬람 수학자이자 천문학자인 **알 콰리즈미** *Muhammad ibn Musa al-Khwarizmi*[39]였습니다. 콰리즈미는 『Compendious Book on Calculation by Completion and Balancing(al-Kitab

1983년 9월 6일 구소련에서 알 콰리즈미 출생 1200주년을 기념하기 위해 만든 우표

al-mukhtasar fi hisab al-jabr wa'l-muqabala)』라는 책에서 선형 방정식과 2차 방정식을 푸는 과정을 공식화했습니다. 여기서 Al-jabr는 방정식의 풀이에서 등식의 성질을 이용한 이항이며, Al-muqabala는 동류항을 간단히 정리하는 규칙과 관련됩니다. 또한 콰리즈미는 알고리즘에 대한 아이디어를 생각해 냈고, 다른 수학자들이 자신이 연구한 과정을 공식화할 수 있는 길을 열었습니다.

대수학은 콰리즈미의 연구로 인해 학교에서 공부하는 고유의 주제로 존재하게 되었다고 해도 과언이 아닙니다. 그런데 혹시 대수학을 싫어하나요? 그렇다면, 콰리즈미를 원망해야 하겠네요. 하지만 그건 아닙니다. 대수학은 여러분이 이전에 배웠던 연산과 규칙의 형식화와 추상화입니다. 콰리즈미는 수학의 이런 측면을 인식하고 이를 언어로 정리하여 누구라도 필요할 때 사용할 수 있도록 했던 겁니다.

자, 이제 17세기 유럽으로 넘어갑시다. 독일의 천문학자 **요하네스 케플러***Johannes Kepler*는 두 번째 결혼식을 위한 포도주를 구입하는 데 드는 돈을 아끼

기 위해 수학에서 완전히 새로운 분야의 길을 열었습니다. 그 이야기는 이렇습니다. 당시에는 포도주 통에 채워져 있는 포도주의 높이로 가격을 매기곤 했는데, 중간이 볼록한 포도주 통의 모양 때문에 통에 채워진 포도주의 높이와 실제 포도주의 양이 정확히 비례하지 않았습니다. 이에 케플러는 포도주 한 통의 값을 매기기 위해 사용하는 포도주 통 측정 방법에 결함이 있다는 것을 알았고, 고객들은 상인이 지불하라는 대로 금액을 지불하면서 과도한 요금을 부과할지도 모른다고 여겼습니다. 당시에 포도주를 판매하는 상인은 포도주가 나오는 구멍 S(원기둥의 높이의 중점)에서 뚜껑 D(원기둥의 밑면인

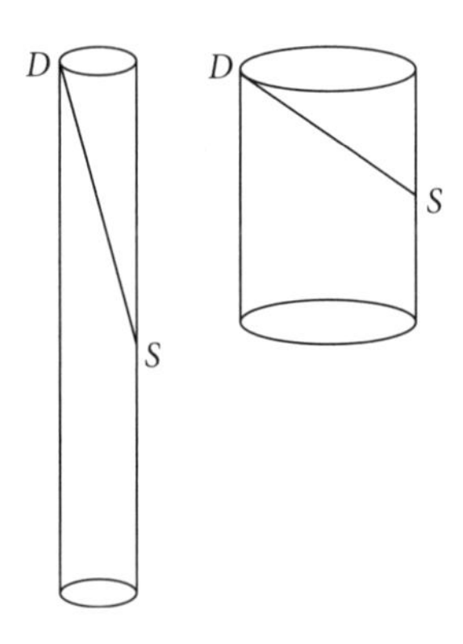

원의 둘레 위의 점)까지의 길이를 자로 재고, 이를 기준으로 가격을 정했는데, 케플러는 포도주가 통 안에 얼마나 들어 있는지를 정확하게 측정하는 방법을 찾고자 포도주 통 안의 부피를 파악하는 방법을 만들었습니다. 즉, SD의 거리 d를 이용하여 부피를 구하는 방법을 탐구한 겁니다.

원기둥(포도주 통)의 밑면의 반지름의 길이를 r, 높이의 길이를 h라고 하면

$$d^2 = \left(\frac{h}{2}\right)^2 + (2r)^2 \text{ 즉, } r^2 = \frac{d^2}{4} - \frac{h^2}{16}$$

이고, 그러므로 원기둥의 부피는

$$V = \pi r^2 h = \pi\left(\frac{d^2}{4} - \frac{h^2}{16}\right)h = \frac{\pi d^2 h}{4} - \frac{\pi h^3}{16}$$

입니다. 이때 d가 일정하면 $V'(h) = \frac{\pi d^2}{4} - \frac{3\pi h^2}{16}$ 이므로 V가 최대이기 위해서는 $V'=0$이어야 하고 따라서 $d = \frac{2}{\sqrt{3}}h$. 즉, SD의 길이가 같더라도 폭이 좁고 긴 통의 부피는 폭이 넓고 짧은 통의 부피보다 작음에도 불구하고 동일한 가격이 책정된다는 데 문제의식을 느껴 지금의 도함수 개념을 탐구한 겁니다.

케플러의 아이디어는 『포도주 통의 모양과 부피의 측정(Nova stereometria doliorum vinariorum, New solid geometry of wine barrels)』이라는 저서에 담겨 있으며, 회전체의 부피를 계산하고 최소의 재료로 최대 용량의 포도주 통을 만드는 극값 문제가 수록되어 있습니다. 수학자들은 이 책을 케플러의 연구를 바탕으로 한 적분학의 기초적인 교재로 봅니다.

대부분의 사람들이 일상생활에서 **미적분학** *Calculus*을 사용하지는 않지만, 미적분학은 공학과 의학을 포함한 많은 분야에서 중요한 요소입니다. 미적분학은 많은 분야에서 최소와 최대를 알아내는 데 사용됩니다. 심지어 최소 신용카드 결제액을 계산하는 데도 사용됩니다. 다음번에 신용카드 결제를 하거나 합리적인 가격으로 포도주 한 병을 산다면, 수학에 감사해야 할 겁니다.

여러분이 수학에 고마움을 느낄 수 있는 훨씬 더 평범한 사례가 있습니다. 불을 켜거나, TV를 보거나, 집에서 음악을 듣거나, 컴퓨터를 사용하거나, 전기를 사용하는 등 어떤 생활 속에나 수학이 있습니다. 아마도 전구를 발명한 사람 하면 토마스 에디슨*Thomas Edison*을 떠올릴 겁니다. 그렇다면 전국의 가정에 전기를 공급하는 데 결정적인 역할을 한 사람 하면 누가 떠오르나요? 아마 들어본 적이 없을 겁니다. 바로 **찰스 프로테우스 스타인메츠***Charles Proteus Steinmetz*[40]입니다. 스타인메츠는 독일 프로이센 브레슬라우에서 태어났으며, 본명은 카를 아우구스트 루돌프 스타인메츠*Karl August Rudolf Steinmetz*입니다. 스타인메츠는 우리가 필요로 하는 곳 어디든 전기를 공급하는 중요한 구성 요소인 전기 회로를 만드는 데 도움을 준 수학자였습니다.

스타인메츠의 발견은 여러분의 고등학교 시절의 기억(혹은 악몽)을 되살릴 수 있는 주제인 **허수** *Imaginary number*[41]를 포함합니다. 현대 과학에서 허수가 없다면 간단한 전자 제품의 작동은 물론이고 전자*Electron* 한 개의 움직임도 제대로 설명할 수가 없습니다.

$$\sqrt{-1} = i$$

수세기 동안 수학자들은 수학적으로 불가능해 보이는 상황, 즉

- 어떤 수의 제곱은 절대 음수가 될 수 없다.
- 음수의 제곱근은 불가능해 보인다.

를 어떻게 해결해야 할지 고민해 왔습니다. 그러다 $x^2+1=0$과 같은 방정식의 해를 구하기 위해서 음수의 제곱근을 정의하는 방법이 필요했습니다.

수학자들은 음수의 제곱근을 '허수'라고 불렀지만 실제로 허수를 사용하지는 않았습니다. 언제

까지? 바로 스타인메츠가 허수를 사용하기 전까지입니다. 스타인메츠는 허수를 사용하여 전기 회로에 대한 복잡한 공식을 단순화하였고, 전기 회로가 더 쉽고 광범위하게 생산될 수 있도록 하는 방법을 알아냈습니다. 스타인메츠의 수학적 발견이 없었다면, 우리는 아직 어둠 속에 살고 있을지도 모릅니다.

또한 수학 공식은 역사의 흐름을 바꾼 많은 과학적 발견의 중심에 있습니다. **아이작 뉴턴***Isaac Newton*의 만유인력의 법칙*Law of Universal Gravitation*, **아인슈타인***Albert Einstein*의 상대성 이론*Theory of Relativity*, 열역학 제2법칙*The Second Law of Thermodynamics*, 혼돈 이론*Chaos Theory*은 모두 복잡한 수학을 포함합니다.

수학은 전 세계 모든 문화에서 문명의 중심에 자리합니다. 고대 문명은 사회가 발전함에 따라 수학이 필요했고, 초기 수학적 발견은 더 복잡한 것으로 이어졌으며, 이제 현대 생활의 거의 모든 측면을 수학적 발견이나 이해와 연결할 수 있습니다. 따라서 학생들이 자신들이 배우는 수학이 언제 필요하냐며 불평하는 것을 듣게 되면, 앞서 우리가 함께 이야기한 수학자들의 이야기를 들려주면서 "**수학은 모든 것의 기초란다**"라고 강조하십시오. 수학적 현상을 알아차리고 인간의 발전을 위해 수학의 힘을 이용하는 재능 있는 사상가들이 없었다면 우리의 문명은 지금의 위치에 있을 수 없었을 겁니다. 이처럼 수학은 많은 직업과 일상의 많은 부분의 기초를 형성합니다.

10장

나가는 말

x=-10
x=-8
P=2(a+b)
V=abc
1+1=2
666'6666

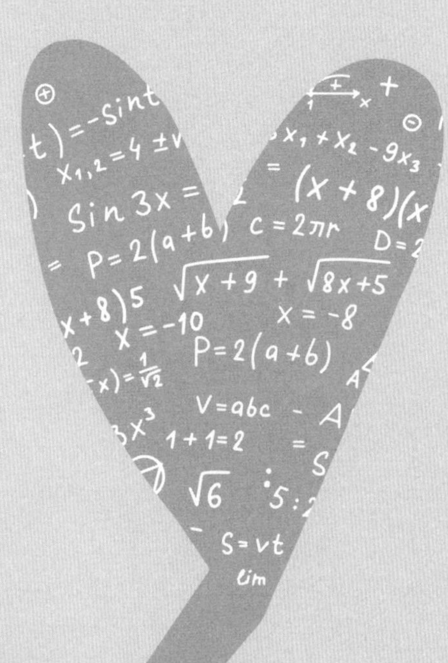
$\sin 3x =$
$c = 2\pi r$
$\sqrt{x+9} + \sqrt{8x+5}$
$x = -10$
$x = -8$
$P = 2(a+6)$
$V = abc$
$1 + 1 = 2$
$\sqrt{6}$
$S = vt$
lim

지금까지 수학자들이 자신의 수학을 전개할 때 의지하는 그리고 현대 수학 교육의 기초가 되는 마음의 습관에 대해 배웠습니다. 패턴을 알아차리고, 확률을 이해하고 사용하며, 수학 언어로 말하고, 수정하고, 발명하고, 시각화하고, 추측하는 방법을 학습했습니다. 또한 그 전에는 몰랐겠지만, 수학이 인류의 역사를 형성하고 삶의 거의 모든 측면에서 중요한 역할을 수행하고 있음을 배웠습니다.

수학자들은 일반인들과 달리, 수학적 도전에 직면해도 포기하지 않는 성향이 강합니다. 사실, 그들은 이러한 도전을 즐깁니다. 배움은 인내에서 비롯되고, 실수는 더 큰 지식으로 이어지며, 심지어 극복할 수 없는 것처럼 보이는 문제에도 해결책이 있을 수 있다는 것을 알고 있습니다. 간단히 말해서, 수학자들은 자기 자신을 그리고 자신의 문제 해결 능력을 믿습니다.

또한 수학자들은 수학이 의미있고 그 의미가 통한다는 것을 이해합니다. 수학은 학생들을 고통스럽게 만들고 어른들을 괴롭히기 위해 계획된 모호한 주제가 아닙니다. 반대로 논리적이고, 수학을 이해하기 위해 시간을 쓰는 사람이라면 누구나 이해할 수 있습니다. 일단 불가능해 보였던 퍼즐이라도 풀기 시작하면, 결국에는 풀 수 있다는 것을 알게 됩니다. 또한 복잡한 수학을 이해할 수 있고 자신의 삶에서 수학의 힘을 활용하게 됩니다.

여러분이 예술가든, 기술자든, 정비사든, 바텐더든, 교수든, 교사든 또는 다른 어떤 분야에 종사하든, 이 책에서 배운 **수학적 마음의 습관**_Mathematical habits of mind_이 이미 수세기 동안 사상가들을 도왔던 것처럼 여러분을 도울 수 있습니다. 이러한 습관을 자기 마음의 중심에 두도록 노력하고, 자신이 필요로 하는 습관들을 여러 번 실천해 보십시오. 이것이 바로 **수학자처럼 생각하는 방법**이며, 문제를 해결하기 위해 올바른 도구를 선택하고 가장 효율적인 방법을 분별할 수 있게 되는 방법입니다.

저자 소개: 앨버트 러더퍼드

우리는 종종 자신의 삶에서 일어난 문제의 원인이 무엇인지 찾아야 하는 사각지대에 놓일 때가 있습니다. 자신에게 생긴 이러한 이슈들을 해결하기 위해 가정을 하거나, 그릇된 분석 및 잘못된 추론을 근거로 해결하려고 노력합니다. 그 결과, 개인적으로나 관계적으로 오해, 불안 그리고 좌절 등이 뒤따라옵니다.

중요한 건, 섣불리 결론을 내리면 안 된다는 것입니다. 더 나은 결정을 내리기 위해 정보를 정확하고 일관되게 다루어야 합니다. 체계적이며 비판적인 사고 기술을 갖추어야 합니다. 그래야 자료를 수집하고 평가하는 데 능숙해질 뿐만 아니라 모든 상황에서 효과적인 해답을 얻을 수 있게 됩니다.

앨버트 러더퍼드는 가장 최고의 해답을 찾기 위해, 최적의 의사 결정을 내리기 위해 근거 기반

접근에 따라, 자신의 평생을 들이고 있습니다. 그는 자신에게

> "더 정확한 답을 찾고 더 깊은 통찰력을 끌어내기 위해 더 나은 질문을 하라."

고 끊임없이 주문을 겁니다.

그런 와중에 여가 시간이 생기면, 러더퍼드는 자신이 오랫동안 꿈꿔왔던 작가가 되기 위해 글을 쓰느라 바쁜 나날을 보내고 있습니다. 또, 가족들과 함께 시간을 보내는 것을 좋아하고, 최신 과학 보고서를 읽고, 낚시를 하고, 와인에 대해 아는 척하는 것을 좋아합니다. 러더퍼드는 벤자민 프랭클린이 한 말 **"지식에 대한 투자는 항상 최고의 이익을 준다"**를 굳게 믿습니다.

역자의 말

이 책은 수학을 사랑하는 모든 사람들이 갖고 있는 수학에 대한 마음가짐, 수학자처럼 생각하는 방법을 이야기하고 있다.

이 책을 번역하게 된 계기도, 바로 '수학에 대한 마음가짐*Mindset*'이 궁금해서였다. 거의 20여 년간 수학교육 및 수학에 대해, 좁게는 초 · 중 · 고등학생들, 넓게는 우리 모두와 진정으로 소통할 수 있는 방법이 무엇일까 고민하던 시기에 이 책을 알게 되었고, 완벽한 해답은 아니지만 상당히 실현 가능하면서 훌륭한 답이 담겨 있다고 보았다.

이 책은 '수학을 한다는 것'에 대해 특별한 교과목을 배우는 것이라기보다는 우리의 삶을 살아가는 데 있어서 자연스럽게 하게 되는 사고 중의 하나임을 말해준다. 더불어, 수학을 좀 더 잘 하고 싶어 하는 학생들이라면, 어떤 수학적 마음의 습관을 키워가야 하는지, 그래서 어떻게 하면 수학자들이 하는 사고방식을 배울 수 있는지에 대해서 이야기하고 있다. 특히 '수학을 왜 배워야 하는지' 혹은 '수학을 어떻게 하면 잘 할 수 있을까' 궁금한 모두에게 수학자들이 생각하는 방법을 알 수 있는 설명이 가득하다. 이 책을 읽는 누구라도 수학에 대한 마음의 습관을 갖게 될 수 있을 것이다.

이 같은 맥락에서 역자는 원제 "Build a Mathematical Mind"의 'Mind'를 이미 흔히 사용하는 발음 그대로 '마인드'로 번역하기보다, '수학자를 닮고 싶어 하는 마음' 또는 '수학에 대한 마음가짐'의 의미를 담아 '마음'으로 번역하였다.

이 책은 총 10장으로 구성되어 있다. 1장은 '수학적 마음'이 무엇인지, 얼마나 중요한지, 그리고 수학적 마음을 기르는 것이 어려운 게 아님을 설명하고 있다. 2장부터 8장까지는 수학적 마음을 기르기 위한 다양하고 필수적인 전략들이 가득하다. 9장은 수학사에서 수학적 마음이 상당히 중요했음을 얘기하며, 10장에서 저자의 의견을 마무리하고 있다. 특히, 독자들은 2장부터 8장에 담겨 있는 실천 가능한 예시들과 수학 마음을 기르기 위한 전략들 간의 이야기를 읽으며, 어느새 그러한 사고를 마음속에 키울 수 있게 될 것이다.

이 책은 수학을 공부하는 학생들이나 학부모뿐만 아니라, 역자와 같이 수학을 가르치는 교사 및 수학교육을 담당하는 교육자들에게 더욱 의미 있는 메시지를 전달하고 있다. 그래서인지 이 책을 번역하면서 역자들 역시 편안하고 행복하게 책의 내용을 읽고 수학을 마음으로 느끼는 소중한 시간을 보냈다. 이 책을 읽는 모든 독자들이 수학을 마음으로 받아들이고 마음의 방법을 키워 수학적 마음을 기를 수 있기를 바란다.

마지막으로 책의 선정부터 출판까지 함께 논의하고 완성해 주신 성균관대학교 출판부와 책이 세상과 소통할 수 있도록 함께 해주신 모든 분들께 진심으로 고마운 마음을 전한다.

주석

1 중학교에서 "어떤 기차가 길이가 200m인 철교를 완전히 건너는 데 12초가 걸리고, 같은 속력으로 길이가 340m인 터널을 통과하는 데 기차가 15초 동안 완전히 보이지 않았다. 이때, 기차의 길이는 얼마인가?"와 같은 문제를 풀기 위해 기차가 철교를 지나기 전과 지난 후에 대한 이해가 필요하다. '속력×시간=거리'를 이용하여 연립방정식을 세워야 한다.

2 https://www.pnas.org/doi/10.1073/pnas.1603205113

3 즉, 아인슈타인은 자신의 생각 과정에서 단어나 언어가 큰 역할을 하지 않는다고 생각했으며, 이러한 생각 방식은 그의 창의적인 발상과 이론을 만들어낸 데에 큰 역할을 했다고 언급했다.

4 https://www.youtube.com/watch?v=W6OaYPVueW4

5 https://www.sciencedirect.com/sdfe/pdf/download/eid/1-s2.0-S0732312396900231/first-page-pdf

6 https://johndabell.com/2019/11/14/mathematical-habits-of-mind/

7 아포페니아*Apophenia*: 서로 연관성이 없는 현상이나 정보에서 규칙성이나 연관성을 추출하려는 인식 작용을 나타내는 심리학 용어이다.

- 1958년 독일의 정신병리학자 클라우스 콘라트(Klaus Conrad)가 정신분열증 환자의 망상 사고가 시작될 때 나타나는 특성을 "Apophänie"로 부르면서 시작된 개념. 그리스어로 'apo'는 '~로부터 벗어나는(away from)'의 뜻이고 'phaenein'은 '보여 준다(to show)'는 의미로, 실제 보이는 것과 달리 이상한 연결성을 찾아내는 것을 의미
- 서로 무관한 현상들 사이에 의미, 규칙, 연관성을 찾아내서 믿는 현상
- 주변 현상에 특정한 의미를 부여하려는 인간 사고의 특징
- 우연에 가치를 부여하려는 것
- 각각의 별들을 연결해 특정 모양을 가진 별자리로 만들고 그와 관련된 이야기를 창조하거나, 보름달을 보면서 떡방아를 찧는 토끼를 떠올리는 등 창조성의 밑거름이 되기도 한다.
- 주변 사물에 대한 환각과 망상, 착란 등 정신분열의 원인이 될 수도 있다고 한다.

8 신피질*Neocortex*: 대뇌 피질*Cerebral cortex*의 가장 큰 부분을 포함하여 인간 뇌의 부피의 약 절반을 차지한다. 주의력, 생각, 지각 및 일회성 기억의 신경 계산 등을 담당하며 네 개의 주요 엽(전두엽, 측두엽, 두정엽, 후두엽)으로 구성된다.

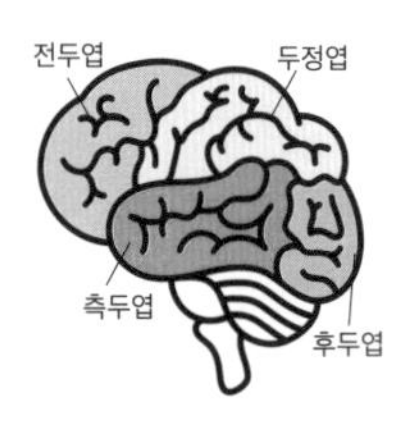

9 아기가 8개월 정도가 되면 드디어 "엄마", "아빠"라고 말을 한다. 자음과 모음을 합친 옹알이, '가', '다', '모' 같은 소리를 내고, 의사소통 방법이 늘어나면서 감정을 언어와 표정, 제스처로 다양하게 표현하는 게 가능해진다.

10 레오나르도 피보나치*Leonardo Fibonacci*(1170~1240-1250) 또는 레오나르도 피사노*Leonardo da Pisa, Leonardo Pisano*: 이

탈리아의 수학자, 피보나치 수에 대한 연구로 유명하며 유럽에 아라비아 수 체계를 소개했다.

11 파이 phi로 읽는다. 단, 원주율 Π, π은 파이 pi로 읽는다.

12 피보나치 수열 $a_1 = 1, a_2 = 1, a_{n+2} = a_n + a_{n+1} (n=1, 2, 3, \cdots)$의 각 항의 수가 충분히 커졌을 때, 항들 사이의 비율이 약 1.618 즉 황금비에 수렴한다.

〈풀이〉 두 항들 사이의 비를 x라 둠. 즉, $\frac{a_{n+1}}{a_n} = \frac{a_{n+2}}{a_{n+1}} = x$

피보나치 수열 사이의 관계 $a_{n+2} = a_n + a_{n+1}$를 a_{n+1}로 나누면

$$\frac{a_{n+2}}{a_{n+1}} = 1 + \frac{a_n}{a_{n+1}}.$$

즉, 이 식을 x로 표현하면 $x = 1 + \frac{1}{x}$, $x^2 - x - 1 = 0$.

이차방정식을 풀면 $x = \frac{1+\sqrt{5}}{2} = 1.61803389\cdots\cdots(>0)$

또한, 연속된 두 항 사이의 비 $\frac{a_{n+1}}{a_n}$의 값은 다음과 같은 모양으로 나타낼 수 있다.

$$\frac{1}{1}, \frac{2}{1} = 1 + \frac{1}{1}, \frac{3}{2} = 1 + \frac{1}{2} = 1 + \frac{1}{1+1}, \frac{5}{3} = 1 + \frac{2}{3} = 1 + \frac{1}{\frac{3}{2}} = 1 + \frac{1}{1 + \frac{1}{1+1}}, \cdots$$

13 해바라기 꽃머리에는 최소 공간에 최대의 씨앗을 배치하기 위한 '최적의 수학적 해법'으로 피보나치 수열을 선택했다고 해석하며, 55개와 89개의 나선이 확인된다.

14 수학적 확률이라고도 부른다.

15 통계적 확률이라고도 부른다.

16 2010년 미국의 오바마 대통령은 건강 보험 개혁안(Affordable Care Act, ACA)에 서명했다 건강 보험 개혁안은 사람들이 건강 보험을 얻는 방법과 관리하는 방법, 부담할 비용 및 지불 책임에 관해 변화를 가져오는 계기가 되었다.

17 집계는 여러 값을 취하여 하나의 값, 즉 합계, 평균, 계수 또는 최소 등의 연산을 수행하는 수학 연산이다. 데이터를 집계하면 데이터를 보다 세부적인 수준으로 변경이 가능하다.

18 로또 1등 당첨 확률은 1/8,145,060(814만 5060), 즉 0.000012%이며, 벼락에 맞을 확률이 약 60만 분의 1이라 할 때 벼락 맞은 확률보다 13배 이상 낮다.

19 https://www.dhlottery.co.kr/gameInfo.do?method=powerBallGameGuide

20 로망스어라고도 하며, 라틴 말 계통의 근대어를 뜻한다.

21 스페인어와 프랑스어의 수 세기

	10	11	12	13	14	15	16	17	18	19
스페인어	Diez	Once	Doce	Trece	Catorce	Quince	Dieciséis	Diecisiete	Dieciocho	Diecinueve
프랑스어	Dix	Onze	Douze	Treize	Quatorze	Quinze	Seize	Dix-sept	Dix-huit	Dix-neuf

22 뉴욕 리젠트 시험
- 고등학교 핵심 과목에 대한 뉴욕주 전체의 표준화된 고교 졸업시험
- 뉴욕 주립 대학교 리젠트 위원회의 권한하에 뉴욕주 교육부(NYSED)에서 개발 및 관리
- 특정 분야의 학습 표준에서 요구되는 기술과 지식을 강조하는 테스트 맵을 구성하는 각 시험의 특정 분야의 선별된 뉴욕 교사 회의에서 준비

(예) 2022년 6월 1일 역사(미국사와 세계사)를 시작으로

15~23일 영어, 수학, 과학, 기하학 등 9개 과목의 시험이 치러졌고, 8월 16일~17일에 9개 과목 시험이 있었음.

23 교사의 질문Initiate-학생의 반응Response-교사 평가Evaluate(I-R-E) 패턴

- 교사가 질문하면(Initiate) 학생은 대답을 생각하여 말하고(Respond) 교사가 대답의 옳고 그름을 평가하는(Evaluate) 방법(Beghett, 2010)
- 교사의 의도에 따라 학생들이 두세 마디로 간단히 대답하는 형태의 교사 주도의 상호작용 방식(Dillion, 1994)
- 교사들은 자신이 예측하지 못한 답을 학생들이 하는 것을 별로 좋아하지 않기 때문에 학생들은 자신의 마음속에 떠오르는 자유로운 생각을 말하기를 주저하게 되고 교사가 원하는 답만 찾게 됨
- 초기에 학생들이 얼마 만큼 아는지 진단할 때는 필요할 수 있지만 모든 수업 과정을 이렇게 진행한다면 학생들의 창의성은 저하될 것이 분명

24 역자는 Tinkering을 한글로 번역하거나 의역하면 저자의 의도를 벗어날 것으로 보고, 영어 그대로 음역하여 '틴커링'으로 정함

25 분수의 나눗셈 순서

- 대분수인 것은 가분수로 고친다.
- 나누는 수의 분자와 분모의 위치를 바꾸어(분자와 분모가 바뀐 수를 역수라고 함) 분수의 곱셈으로 나타낸다.
- 분자끼리 곱한 값과 분모끼리 곱한 값을 각각 정답의 분자와 분모에 넣고, 분자와 분모를 약분해 기약 분수로 만든다.

26 우리나라 2022 개정 수학과 교육 과정에서는 초등학교 5~6학년군의 수와 연산 단원 내용이다.

(1) 수와 연산
5 분수의 곱셈과 나눗셈
[6수01-09] 분수의 곱셈의 계산 원리를 탐구하고 그 계산을 할 수 있다.
[6수01-10] '(자연수)÷(자연수)'에서 나눗셈의 몫을 분수로 나타낼 수 있다.
[6수01-11] 분수의 나눗셈의 계산 원리를 탐구하고 그 계산을 할 수 있다.

27 https://www.esquire.com/uk/life/fitness-wellbeing/a15489/habit-stacking-chaining/

28 https://www.ikea.com/kr/ko/planners/

29 라켓으로 공을 치는 것

30 피타고라스가 정리한 친구 수*Friendly number*와 다르며, 친구수는 두 수가 상대방 수의 진약수를 합한 수로 친화수 또는 우애수라고도 한다.
(예) 220과 284의 관계
- 220의 약수 1, 2, 4, 5, 10, 11, 20, 22, 44, 55, 110의 합 284
- 284의 약수 1, 2, 4, 71, 142의 합 220

31 벤치마크 수*Benchmark numbers*: 더하기, 빼기, 곱하기 또는 나누기 쉬운 수. 대표적으로 10, 100 또는 25의 배수. 친근한 수*Friendly number*로 알려져 있다.
(예) 10, 50, 1000, 80, 5000

32 CCSSM의 다섯 번째 실천 규준: 적절한 도구를 전략적으로 사용하기

- 문제 해결에 도구를 사용하기
- 도구의 장단점을 인식하여 사용 적절한 시기를 결정하기

33 도량형*Weights and measures*: 길이 · 넓이 · 부피 · 무게 등에 관한 단위법 및 측정 기구의 총칭. 동양 전래의 계량 체계를 나타내는 역사적 용어이지만 현재의 개념에서는 근대과학적인 면의 비중이 크다고 볼 수 있다.

34 진법: 수를 세는 방법 또는 단위. r진법이란 0~(r-1)까지의 숫자만을 사용해서 수를 표현
(예) 2진법: 0, 1 두 가지 숫자로 표현

35 수메르인이 진흙을 평평하게 만들어 갈대 줄기의 뾰족한 끝으로 글씨를 새기고 난 뒤 말리거나 구워서 점토판을 보존했다. 쐐기문자가 새겨진 점토판들은 현재까지 전해지고 있다.

36 자릿값: 숫자가 위치하고 있는 자리에 따라서 정해지는 값
(예) 354 : 100의 자릿값은 3, 10의 자릿값은 5, 1의 자릿값은 4

37 피타고라스 학파: 피타고라스(기원전 569?~497?)를 기원으로 하여 출발한 학파. BC 6세기~BC 4세기 사이 피타고라스와 그의 계승자들을 통해 번성했던 고대 그리스 철학 분파. 피타고라스의 학설과 신조를 신봉하는 피타고라스 교단이다.

38 서반구: 그리니치 천문대를 지나는 본초 자오선을 기준으로 서쪽의 반구. 아메리카 대륙을 포함하며, 유럽과 아프리카의 서쪽 일부, 러시아의 동쪽 끝, 오세아니아의 일부 섬나라를 포함한다. 전 세계 인구의 거의 15%를 차지한다.

39 아부 압둘라 무함마드 이븐 무사 알 콰리즈미(780~850년,

Muhammad ibn Musa al-Khwarizmi, 페르시아어: خوارزمی): 페르시아의 수학자이며 대수학의 아버지로 불린다. 페르시아 최초의 수학책을 만들었고, 인도에서 도입된 아라비아 숫자를 이용하여 최초로 사칙연산(덧셈, 뺄셈, 곱셈, 나눗셈)을 만들고 0과 자릿값을 사용했다. 알고리즘이라는 단어는 그의 이름에서 유래되었고 대수학을 뜻하는 영어 단어 알지브라(Algebra)는 그의 저서 〈al-jabr wa al-muqabala〉로부터 기원되었다.

40 찰스 프로테우스 스타인메츠*Charles Proteus Steinmetz*(1865-1923)
- 미국의 전기 공학자 · 발명가. 독일의 브레슬라우에서 출생하여, 브레슬라우 · 취리히 · 베를린 등의 각 대학에서 수학 · 전기 공학 · 화학을 전공했다.
- 제너럴 일렉트릭 회사의 기술자로 미국으로 건너가 유니온 대학 물리학 교수가 되었다. 교류 전기를 연구하여 복소수의 개념을 도입했다.
- 벼락을 연구, 송전선의 피뢰침을 개량, 발전기 · 전동기에 관한 200개 이상의 특허를 얻었고, 유도 조정기와 아크 램프를 발명했다.

41 허수는 16세기 이탈리아 수학자 지롤라모 카르다노*Girolamo Cardano*(1501-1576)가 1545년에 저술한 『아르스 마그나(위대한 기법)』에 '제곱하면 음수가 되는 수(pp.44-45)'라고 최초로 소개되었다.
: '더하면 10, 곱하면 40이 되는 두 수는 무엇인가?'에 대해 '5+루트(-15), 5-루트(-15)'라고 답을 기재했다.